住宅户型优化设计案例系列

100 Cases Alterations of
Balcony · Staircase · Worker-room

阳台·楼梯·工人间

改造 100 例

李小宁 著

U0231934

中国电力出版社
CHINA ELECTRIC POWER PRESS

内容提要

本书作者为我国著名户型设计专家、楼市分析专家、建筑设计师。作者在大量的户型设计与改造实践的基础上，精选了100个有代表性的在售住宅户型实例，对服务空间中的阳台、楼梯、过道、工人间和储藏间等住宅次要空间进行了优化改造设计，使其更为实用、合理，不仅空间利用率得以提高，而且有效地缩短了生活动线。

本书采用平面图和3D立体图相结合的方式，对比改造前后的户型和空间，一目了然，可供建筑装饰公司、设计院所、广大居民、开发商和房地产营销策划者参考使用。

图书在版编目（CIP）数据

阳台·楼梯·工人间改造100例 / 李小宁著. —北京：中国电力出版社，2017.1
（住宅户型优化设计案例系列）
ISBN 978-7-5123-9619-7

Ⅰ.①阳⋯　Ⅱ.①李⋯　Ⅲ.①住宅－室内装修－建筑设计－案例　Ⅳ.①TU767

中国版本图书馆CIP数据核字（2016）第182456号

中国电力出版社出版发行
北京市东城区北京站西街19号　　　100005　　http://www.cepp.sgcc.com.cn
责任编辑：曹　巍　胡堂亮
责任印制：蔺义舟　　责任校对：郝军燕
北京盛通印刷股份有限公司印刷·各地新华书店经售
2017年1月第1版·第1次印刷
889mm×1194mm 1/16·13.5印张·352千字
定价：88.00元

拥有恰当的服务空间

服务空间是户型的辅助空间，尽管"几室几厅几卫"并不包括这些，但其过渡作用不容忽视。

服务空间从形式上分为内设和外挂。内设包括开放和闭合：内设中的开放为楼梯、过道；内设中的闭合为工人间、储藏间。外挂包括阳台、阳光室等。

服务空间与主要居室的联系有紧有松，其功能往往是在与主要居室的配套中实现的。

阳台与居室的交错

阳台对于居室的要求，在卧室和起居室中略有不同：卧室阳台的主要功能是晾晒和观景；起居室阳台的主要功能除此之外，再加上休闲。

阳台板遮挡居室的日照，过深还会影响采光。一般来说，卧室阳台进深可深可浅，南方地区大多深些，便于晾晒和休闲纳凉，当然，北方地区浅些的"一步阳台"，既避免了遮挡，也满足了观景，同时居室的半面积计算也会减少。

起居室阳台形式多样，除了普通阳台外，还有左右封闭和开放相结合的阳光室加小开放阳台。阳光室通常设计成多角形或弧形，空间方圆，视角开阔，可以用做茶歇、棋牌，以及绿植、晾晒空间。

阳台虽然与居室联系密切，但毕竟是建筑的附着物，并且按半面积计算，大小、样式要服从于整个户型的需要。

阳台与居室的交错，调节着生活习惯：两个居室用一个阳台的贯通式设计，增加了交通动线；开放和封闭组合、多角或圆形和矩形组合，丰富了空间和视角。

楼梯与过道的交错

楼梯联系复式户型的上下层，除了基本实用功能外，还要注意美观，尤其是挑空类的跃层，扶栏拾级而上，与上下层交流，活跃了平直的生活空间，体现了不同的生活品位。

过道联系各个居室，长与短，曲与直，宽与窄，繁与简，影响生活便利与否的同时，还会影响空间摆放优劣。

楼梯与过道的交错，不仅调节着交通动线，还改变着视觉关系。

工人间与储藏间的交错

工人间是大户型的配置，存在与否标志着户型的品质。面积一般为 3 ~ 5 平方米，以放下单人床、小衣柜为宜。由于《住宅设计规范》规定："单人卧室不应小于 5 平方米（使用面积）"，所以，工人间大都不算正规居室。

工人间的位置要求不高，可以在阴面，南方地区可以设计为服务阳台的一部分，别墅甚至可以在楼梯下、地下室中。

工人间尽量保持通风，那种黑空间的设计缺乏人性。条件允许的情况下，配置小面积、简单洁具的专属工卫。

储藏间面积一般比工人间小，多数为户型设计中的死角，形状也可以多样，因为储藏杂物，通风与否无关紧要。

当然，多功能式的设计灵活多变，同时既可用做工人间，又可用做休闲室。

工人间与储藏间的交错，体现着设计的多样性和灵活性，完善着户型的多种功能，提升档次。

服务空间是户型的辅助空间，数量和面积都应恰如其分，达到锦上添花而不是画蛇添足。

服务优化篇

多种阳台的设置

服务空间的取舍

交通通道的联系

优化提示

服务空间的优化

服务空间是居室中的次要空间。在户型布局上，服务空间对面积相对大一些的居室既是画龙点睛，又起着填充和缓冲的作用，因此所处的位置千差万别。在居住使用上，服务空间是提高生活质量、增强户型功能的重要补充；在住宅价值上，服务空间具有和居住空间同样的价格。所以，服务空间的取舍显得至关重要。

服务空间包括：阳台、楼梯和交通通道、工人间和储藏间、管道间等。

多种阳台的设置

阳台包括：独立阳台和复合阳台。前者基本为建筑结构外纯粹功能的阳台，后者将部分功能延伸到室内。

阳台和日常生活密不可分，人们可以随时到户外活动、养殖花草，同时家中的被褥也要经常地晾晒。

☛ 阳台的面积恰如其分

阳台习惯称为平台或晒台。从基本功能上分为生活阳台和服务阳台；从建筑形式上分为凸阳台、凹阳台、转角阳台、组合阳台，以及屋顶阳台或露台等；从封闭程度上分为开放阳台、封闭阳台和阳光室等。

阳台是供居住者进行室内外活动、晾晒衣物、养殖花草、健身休闲等的生活空间，因此在面积上应当恰如其分。同时，阳台也可以与厅相连，成为厅的延伸。

生活阳台一般为 4～8 平方米，放置健身器械、

花花草草和休闲座椅已经足够了，再大就有些累赘，过多地占用室内空间不见得划算。目前流行两种组合阳台：一种是多角或弧形阳光室，侧面为敞开式外阳台，风和日丽，可以到外阳台凭栏远眺，风雨潇潇，则留在阳光室观赏，颇有滋味；另一种是内外双阳台，内侧为大面积落地玻璃，外侧为进深仅几十厘米的敞开式阳台，这样既可以充分享受阳光、美景，又可以最大限度地压缩面积。

服务阳台的主要功能是晾晒和储物，往往在设计上备有水龙头、地漏、下水、电源插座和晾衣架等。这种阳台多数与设备间或者厨房相连接，与卧室等"静区"远离，可以放置洗衣机等，形成家政劳动空间，既有良好的通风、采光条件，也避免了洗衣、晾衣弄湿卫生间地面，以及穿堂越室带来的不便。因此，服务阳台的面积尽可能控制在 3～5 平方米，如果增加洗衣、早餐、炒菜等功能，面积可以适当放大 2～3 平方米。

1 日照华地丽舍
C-2户型

位于山东省日照市。二室二厅一卫，建筑面积79.90平方米。

该住宅为 1 梯 3 户，楼层从左至右阶梯错位，使得 C-2 户型服务阳台和生活阳台错位。在设计时，应

考虑将楼层结构取齐，两个阳台设计在一个平面上，进深加深一些，这样使得卫生间、厨房和起居室都有所增大，提高了舒适度。另外由于对调了次卧和客厅，动静分区也变得更为纯粹。

改造重点：增加户型进深，对调次卧和客厅，保证静区的两个卧室集中，生活阳台与外墙取齐。下移

厨房，使服务阳台与生活阳台在一个平面。将卫生间安放进洗手台，原洗手台及大门旁设置衣柜。

增加进深后，不仅使结构墙变得整齐，两个阳台在一个平面上，更重要的是卫生间、厨房和起居室都舒适了不少。

华地丽舍改前

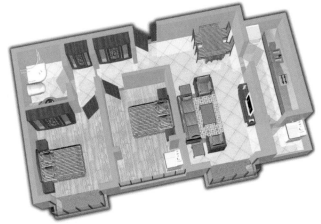

华地丽舍改后

广州华南新城

04户型上层

位于广州市番禺区番禺大桥东侧。四室三厅四卫一工人间，建筑面积246.91平方米，使用率为87.6%，为重叠式跃层。

该户型的特点是：主要空间面积宽裕，次要空间面积紧凑，形成主大次小的格局。如：主卧宽裕，次卧紧凑；露台花园宽裕，家政阳台紧凑。这样的比例关系对于常规户型来说，显得不够均好，但充满个性，使人印象深刻。楼梯间采用玻璃幕墙，与外界沟通，明亮而时尚。弧形落地大窗的主卧，散发着现代气息，无论是极目远眺，还是依榻养神，都充满着惬意。家

庭起居厅正对着40平方米的超大露台花园，坐拥在沙发里的家人，不管是看电视，还是品茗、聊天，时时刻刻都能感受到花园中弥漫的自然气息。美中不足的是：主卫的面积有些局促，一定程度上降低了舒适度。

改造重点：楼梯旁用玻璃幕墙在阳台位置隔出阳光家庭起居厅，充分利用其开放的特性，而将原家庭起居厅改成大书房。主卫拆除与衣帽间的隔墙，扩大局促的卫生间，将衣柜设置在床的侧面。

南方户型中超大的露台，具备了一定的改造空间，要因势利导地加以运用。

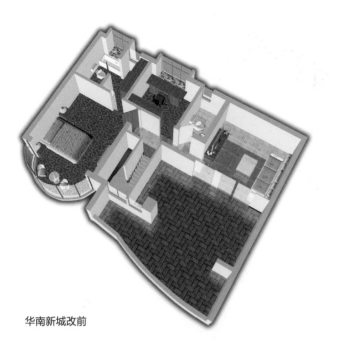

华南新城改前

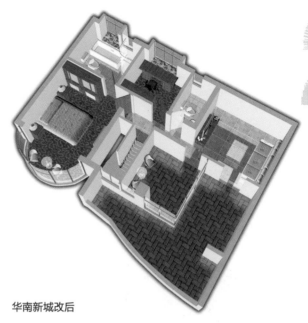

华南新城改后

🖌 阳台的数量不宜过多

阳台的布局有两类方式：一类是强调通风，将两个阳台分置于客厅和餐厅的两端；另一类注重实用，将服务阳台与厨房相连，将休闲阳台与卧室相连。一般来说，一套户型拥有一个生活阳台和一个服务阳台

也就足够了，如果居室多的可以再增加一个生活阳台，再多就有蛇足之嫌。通常，卧室外侧设置阳台会对采光产生遮挡，并且阳台上的悬挂和摆放，对室内的视觉多少会有影响。因此，购买者在选择阳台多的户型时要仔细斟酌。

北京靠山居艺墅
F户型三层

位于北京市房山区京石高速赵辛店出口路南500米。三室三厅三卫，建筑面积191平方米，使用率93.9%，为地上三层联排别墅。

户型中错层、跃层和复式等多种手法的运用，使空间变得丰富，充满了情趣。三层南侧和北侧的复合阳台，都使室内外沟通有了个缓冲的空间。美中不足的是，两个复合阳台和主卧都呈"刀把"形，使里侧阳台部分较深，采光稍差，视觉上感到有些压抑，并且主卧进入阳台的过道有些浪费，可以考虑封闭分割，

消灭"刀把"形。

改造重点：消灭"刀把"形北阳台和"刀把"形主卧。前者利用侧墙，可以封闭出茶座或棋室等休闲空间；后者延长电视墙，可以封闭成步入式衣帽间，规矩主卧格局，同时，还可封闭衣帽间阳台结构内的部分空间。

改造的目的是规矩空间，消除拐角，充分利用服务空间，使之变成居室的一部分。

服务优化篇

靠山居改后

靠山居改前

三亚公主郡
石·语户型一层

位于海南省三亚市亚龙湾国家旅游度假区内。三室三厅四卫，建筑面积324.36平方米，为地上二层独栋别墅。

建筑依坡而建，营造半山居所的层次感和质感。户型分成左右建筑：左边为二层重叠式小楼，北端上下各有一个卧室，南端上下各有一个起居厅；右边为一层的卧室。两个建筑用连廊相接，中间围合着室外泳池。庭院式设计充分将自然、人工园林景观融入建筑，超大开窗使室内外联系更加紧密。存在的缺憾是：餐厅位于通道中，空间有些局促；连廊过于开放，分成了三个单元，需要分别上锁。

改造重点：拆除餐厅右侧的门，沿柱子围合上玻璃幕墙，形成独立餐厅，同时加大厨房。连廊加装玻璃幕墙，使三个区域连成一体。

庭院别墅也要注意减少入户门的数量，尽可能将所有区域连在一起，否则管理起来会很麻烦。

公主郡改前

公主郡改后

服务空间的取舍

　　服务空间适可而止。服务空间的设置，有些是锦上添花的神来之笔，有些则是难以处置的建筑死角，是否实用，要根据需要仔细选择。

　　比如储藏间中的储物间，可以容纳家庭中各种杂物或日常用具，如果选用，能使家中保持整洁；而储藏间中的衣帽间，则是提高卧室档次的辅助空间。

北京东方太阳城
B38户型

位于北京市顺义区潮白河畔。三室二厅二卫，建筑面积160平方米。

　　户型三面采光、双明卫、双阳台、明餐厅、加上主卧床头的窄条侧窗，使得空间非常通透。比较特殊的是，该项目为老年社区，需要陪护人员，而主卧衣帽间和南次卧衣柜部分空间灵动，可根据需求适时调整。

　　改造重点：主卧衣帽间和南次卧衣柜部分隔出工人间，尺寸以放下单人床和一组衣柜为准，右墙设置高窗间接通风、采光。同时：南次卧门下移；主卫坐便设计到窗前，缩小洗手台，拆掉浴缸改成淋浴间，空间以保证轮椅回转为准；原主卧门向外开启；主卧室里侧增设子母门；次卫右上墙左移，外侧留出部分冰箱的凹口，里侧淋浴间向下扩大进深；次卫门上移

改成干湿分离。

改造后，护理人员住在开设高窗的工人间中，方便照顾老人，同时次卫的调整，使冰箱接近厨房，保证了干湿分离后的使用便利。

东方太阳城改前

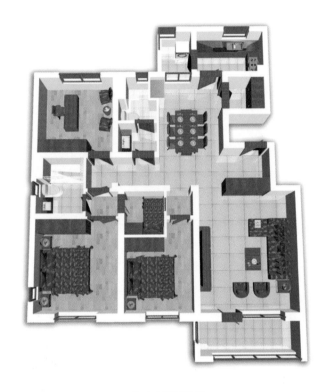

东方太阳城改后

北京公租房设计指南
D1-1户型

二室一厅一卫，建筑面积55.74～60.97平方米。

户型卫生间和厨房采用沿进深纵向排列，集中了管线。厨卫尺度适宜，但厨房开了阳台门，只能采用"一字"橱柜，操作台面稍短。卫生间缺乏独立淋浴间，喷头直冲坐便。因东南两面采光，两个卧室和起居室纵向排列，交通动线稍长，并且双人大卧室呈现"刀把"形，床尾对着窗户，比较别扭。同时餐厅和客厅挤在

一起，空间局促。

改造重点：调整厨房门；冰箱放置在厨卫之间；卫生间设置独立淋浴间；右移双人大卧室门，拐角设置衣帽间，同时偏转床；餐厅与客厅用交通自然分离，并对调沙发和电视；门厅设置窄条衣柜。

交通转换空间和通道要尽可能解决多个功能空间的使用，如厨房和卫生间之间设置冰箱，进入双人大卧室的交通通道分割餐厅和客厅。

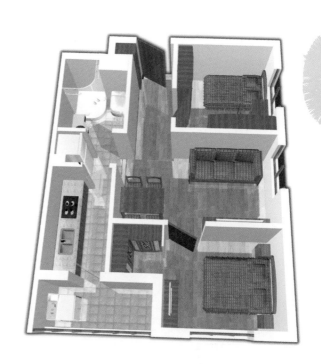

公租房设计指南改后

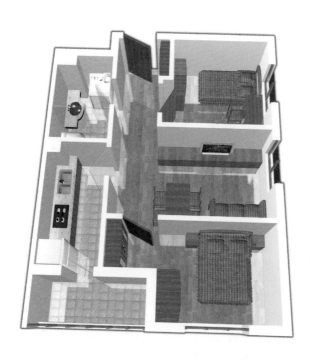

公租房设计指南改前

交通通道的联系

🖌 过道来去便捷简约

　　过道是户型中联系各空间的交通通道，由于设计、房型和位置等原因，往往差异很大。有时为了保证户型的整体舒适度，采用动静分离；有时为了使各功能空间搭配合理，采用舍近求远等，这些都会使过道占用面积偏多，因此，要仔细权衡。在目前住宅价格偏高的情况下，选择便捷简约的过道，降低户型总价，也不失为一种权宜之计。

7 国家公租房设计方案
01-B户型

一室二厅一卫，建筑面积41.66平方米。

　　卫生间和厨房沿开间方向布置，形成横向管线区，好处是门厅通道兼做厨卫入门的转换空间。厨房尺度适宜，但冰箱设置在起居室的角落，用起来非常不便，并且挤占餐厅位置。在人口不多或者转换空间并不受限的情况下，卫生间没有必要干湿分离，只会使原本不大的空间更加局促。另外，悬空摆沙发使客厅开间过小，看电视会不舒服；靠墙成"炕"的床用起来也不方便，睡在里侧的人只能是从床尾爬上爬下。

　　改造重点：书房区调整到客厅，缩小阳台开口；卧室下移，加大开间并独立；客厅借用交通通道，开间加大到 3 米，沙发变成 3 人的；厨房封闭，改成单推拉或平开门，将冰箱纳入；卫生间合并干湿间。

改造后，各空间比例和谐，充分借用了原本狭长的交通通道，大开间变成了独立的一室二厅。

公租房设计方案改前

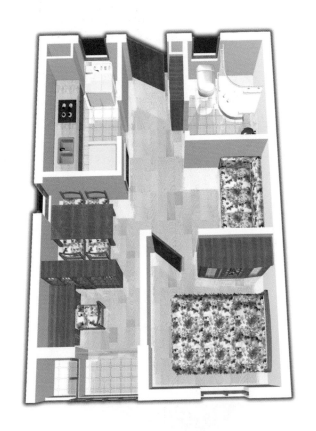

公租房设计方案改后

🔧 楼梯上下方便美观

从功能上讲，作为垂直交通的工具，楼梯将层与层之间紧密地联系在一起，选择时，首先考虑的是上下是否方便。当然除了满足实用功能外，还应当作艺术品来对待，可以想象，先锋时尚的造型，推陈出新的材料，能使楼梯成为跃层中的点睛之笔。

在装饰材料上，不同的组合会产生不同的效果。采用不锈钢、角铁、铝塑板、木板等打造的楼梯，光滑而富有质感；金属扶手配以木质踏板，使人感觉既时尚又不乏生活气息；玻璃以其玲珑剔透而备受宠爱，与金属结合后洋溢着十足的现代感；而水泥踏板和木扶手，稳重大方而不必担心过时。

北京UP生活
KT-2-16户型上层

位于北京市通州区马驹桥兴华西大街55号。LOFT形式，建筑面积64.24平方米。

户型设计成一个半开间，纵向格局基本为三段式：下层厨房和餐厅占据通风窗口，客厅则安排在中部，最里侧是门厅和卫生间；上层次卧室和小茶座设置在窗口，中部为楼梯和书房，里侧是主卧、衣帽间和主卫。三段式设计功能区较丰富，但交叉增多，互相有些干扰，同时灰色空间影响了主要空间的舒适度。像上层的主卧室设计在里侧，既不通风，又无法直接采光，同时

书房安排在过道中，也很不安静；卫生间过小，淋浴间无法正常安置。

改造重点：将"一跑"楼梯改成："U"形，减少空间的占用；卫生间上墙上移并取方，扩大面积；主卧独立，变成次卧，而原次卧因为有窗户变成主卧；楼梯口封闭改成明书房；原书房变成家庭起居厅。

楼梯改造成"U"形后，不仅美观实用，还挤出面积增加了实用的明书房和家庭起居厅，功能得到强化，空间得到合理利用。

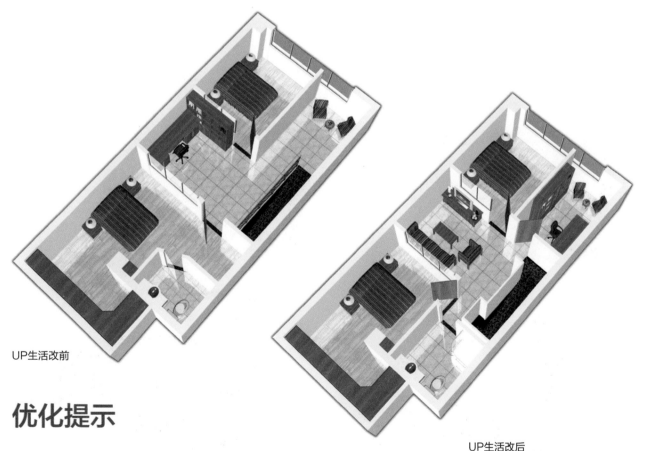

UP生活改前

UP生活改后

优化提示

📷 查查哪些设施属于画蛇添足

虽然功能性加强会使舒适度增加，但毕竟要占用套内面积，所以选择时要权衡轻重，尽量放弃那些可有可无的空间。像不需要工人的家庭，工人间就成了摆设；懒得伺花弄草、喜欢健身休闲的人，一个阳台已经足够；而对于平常杂物和衣物都很少的夫妻来说，储物间和衣帽间或许可以合并。

北京康桥水郡

B户型

位于北京市海淀区昆玉河东侧的万柳地区。

三室二厅二卫，建筑面积159.53平方米，使用率81%。

该户型3.6米的卧室和4.5米的客厅，配上阳台落地窗和飘窗，整体通透明亮。由于户内基本采用轻墙，改动比较方便。餐厅和客厅集中在户型的下部，基本消化了稍长的腰部，尤其是为了避免开门见餐，设置了一道隔墙，有效地分隔了餐厅和门厅。存在问题是：门厅和厨房门前的面积过大，浪费了宝贵的空间；同时纵向墙体折角过多，过多的零碎小空间显得画蛇添足。

改造重点：将主卫右墙与客厅左墙取直，去掉上下两个折角，扩大面积并加长洗手台；主卧的门上移至墙边，改独立衣帽间成"L"形步入式，增加衣柜；次卫右墙右移与主卫右墙取齐，并分成干湿分离的里外间，外间洗手台调整到下端；书房下墙和门下移，与次卧取齐；改开次卧门和厨房门。

将一些曲曲弯弯的墙尽可能取直，一是视觉上工整，二是将门厅和餐厅边上过大的交通面积纳入主要的居室，增加实用率。

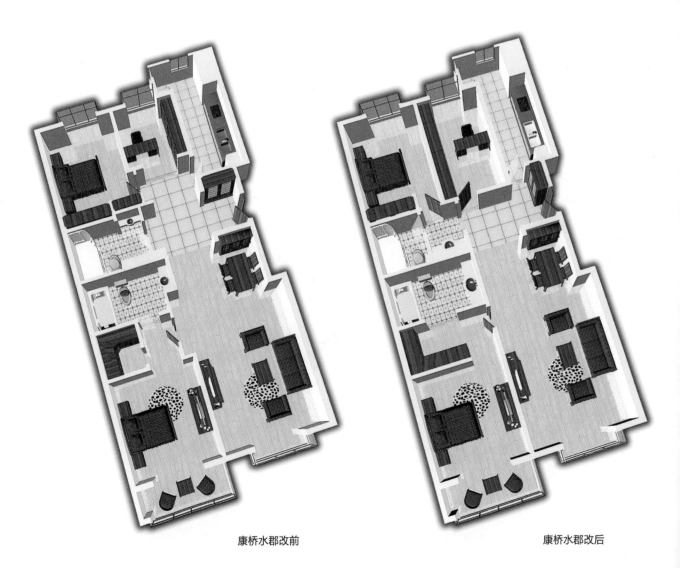

康桥水郡改前　　　　　　　　　　　康桥水郡改后

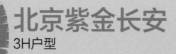

查查哪些空间属于大而无当

在一个户型中，功能空间越是完备总面积就会越大，由此而导致了进深和面宽加大，而服务空间往往会夹在其中"填缝"，挂在外侧"镶边"。像衣帽间，长宽比例如果不是很合适的话，会造成面积的浪费；起居室的门厅和餐厅、客厅的结合部常常会很松散；而阳台，多半跟着居室开间走，过长过宽都会加重居室中次要空间的面积负担。因此，在现阶段，尽可能删繁就简，去粗取精，打造出功能可变的服务空间来。

北京紫金长安
3H户型

位于北京市海淀区五棵松东北。三室二厅三卫，建筑面积185.61平方米。

户型处于板楼的中部，三南三北格局，门门相对，总面宽达11米，采光、通风不错。但由于户型起居室中部较空阔，面积浪费较多，应加以改造利用。

改造重点：去掉储藏间，下移厨房门；隔出书房，下移餐厅。

将储藏间与厨房的隔墙打通，封上原厨房门，改在储藏间门处。餐厅增加隔墙和门，隔出全明的大储藏间，可以当作书房等居室。

改造后，消化了起居室中间部分的交通空间，增加了实用的书房等多功能房。需要注意的是，进深要控制得当，保证外侧餐厅的使用面积。

紫金长安改前

紫金长安改后

阳台改造篇

标准阳台

特殊阳台

标准阳台

标准阳台附着在居室外侧，大多为楼体结构外的现浇或预制，通常为单个居室独用。

标准阳台样式简单，分为开放式和封闭式，基本以半面积计算建筑面积。

◈ 合理布局

按照建筑设计的习惯，标准阳台宽度大多与附着的居室开间相同。标准阳台按功能分为休闲阳台和服务阳台：休闲阳台附着起居室、卧室、书房、休闲室等；服务阳台附着厨房、餐厅、卫生间、过道等。

需要注意的是：阳台的数量要有所控制，过多会影响室内的采光、观景。

◈ 控制进深

阳台的进深大小直接影响着居室的采光、观景。通常，北方地区标准阳台的进深为 1.2 ~ 1.5 米，南方地区的标准阳台会大一些，主要是满足晾晒和纳凉的需要。现代一点的设计，还会有 0.9 ~ 1.2 米的短阳台，所谓"一步阳台"，甚至有些德法式建筑，将阳台取消，直接在落地窗外加一扶栏，实现部分阳台的功能。

应该注意的是：阳台应尽量减少多个居室共用，以保证居室的私密性。

11

昆山天润·尚院
F户型二层

位于江苏省昆山市周庄镇周商公路南侧。五室四厅五卫，建筑面积386.29平方米，基本为大面宽的两层重叠式双拼别墅。二层主卫悬空设计，不仅对一层遮挡明显，结构上也不太合理。缺憾是：书房与主卧套间设计，分离使用有些不便；次卧开间大于进深，并且入卧室的通道设在里侧，干扰较大；右侧的次卧开间偏小，同时卫生间的门直对着床腰。

阳台布局： 原设计只有南侧两个露台：一个是退台，一个是悬空阳台加露台。改设计后，增加北侧门廊上遮雨露台，丰富了立面。

改造重点： 主卧保持同原设计接近的露台，原次卧位置因做了客厅挑空，而在右侧与一层老人卧室对位的次卧增加了小露台。

另外：主卫和衣帽间调整到北侧，摆在工人间和中厨上，影响不大；次卧调整到原主卫处，南墙与一层餐厅对齐；书房相对独立，与主卧可分可合；家庭厅与挑空呼应，加强通透性，同时增设对一层大门外遮雨的露台；楼梯加宽并敞开。

在不更改四角坐标的情况下，对二层和一层（见146页）进行调整，使各居室尺度方正，交通动线集中，上下层结构、管线对位，面积为387.80平方米，仅增加了1平方米多，但居室却变成了六室四厅五卫一工人间，并且增加了客厅挑空和服务空间，舒适度大大提高。

（见146页）

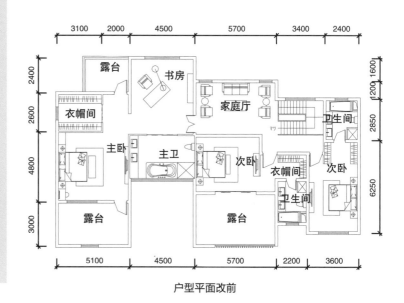

户型平面改前

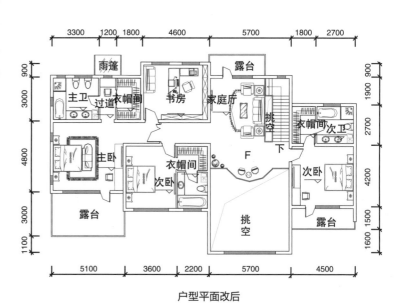

户型平面改后

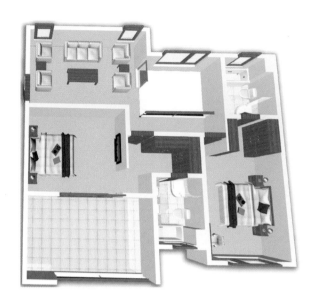

改前

改后

❶ 右次卧与一层老人卧室对位，增设露台。

❷ 家庭厅外侧增设门厅外廊上遮雨露台。

❸ 家庭厅与挑空呼应，加强通透性。

❹ 主卫调整到北侧，摞在下层工人间和中厨上，影响不大。

❺ 次卧调整到原主卫处，南墙与一层餐厅对齐。

❻ 书房相对独立，与主卧可分可合。

❼ 楼梯加宽并敞开。

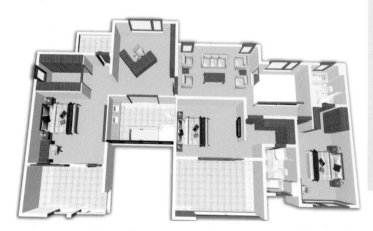

户型3D改前

户型3D改后

12

长春天伦·中央区
K户型

位于吉林省长春市南关区南至三马路。二室二厅一卫，建筑面积89.23平方米，是塔楼中全南采光的户型。整体格局方正，面积均好性不错。

阳台改造篇

阳台布局：大卧室有一个拐角，类似阳台，处在楼体凹进去的部位，有采光遮挡夹角。

改造重点：调整次卧；隔出小书房；调整卫生间；改造储藏间。

首先将次卧上墙和门上移，扩大面积。

其次将主卧窗户区域增加一道磨砂玻璃等半通透类隔墙和门，形成小书房或电脑间，这样既增加了小书房，又使原本"刀把"形的房间变得方正了。

接着将卫生间左墙左移至大门后，并将下墙和门上移，使卫生间变方，既便于安放洁具三件套，也使面积扩大。

最后在厨房上部增加隔墙，形成储藏间，使偏长的比例缩短，同时门也有了稳定的依靠。

总的来说，主卧隔离类似阳台的区域，增加了功能空间。同时次卧扩大了面积，卫生间改变了比例，厨房隔出了储藏间，使户型变得舒适好用。

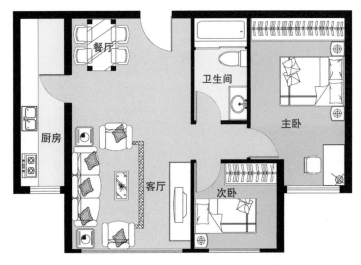

户型平面改前

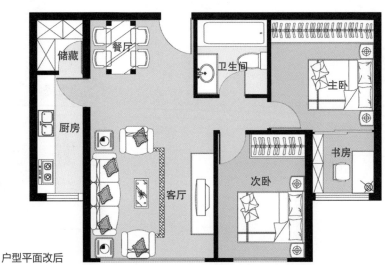

户型平面改后

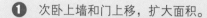

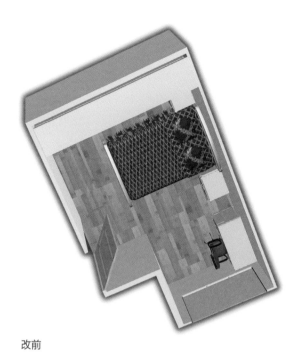

改前

① 次卧上墙和门上移，扩大面积。

② 主卧窗户区域增加一道磨砂玻璃等半通透类隔墙和门，形成小书房或电脑间。

③ 卫生间左墙左移至大门后。

④ 并将卫生间下墙和门上移，使卫生间变方正。

⑤ 厨房上部增加隔墙，形成储藏间。

标准阳台

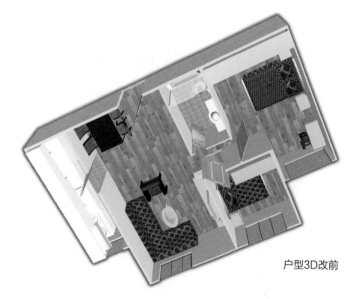

户型3D改前

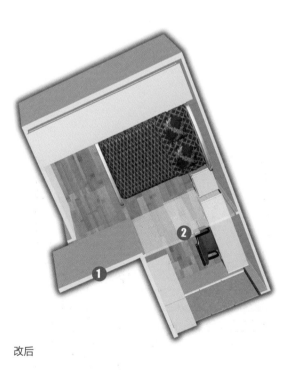

改后

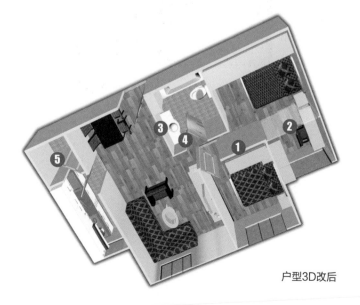

户型3D改后

13

北京纳帕澜郡
A户型

位于北京市昌平区小汤山。三室二厅一卫，建筑面积101平方米。该户型为短进深的南北板楼，两面采光，各空间面积非常精致，尺寸恰到好处。

阳台布局：生活阳台进深不大，对客厅遮挡较少。服务阳台门开在厨房，影响了操作台的长度。

改造重点：改开服务阳台和厨房门；调整卫生间。

先是从书房改开阳台门，封上厨房阳台门，增加操作台为"L"形，并放入电冰箱。

然后改开厨房门至门厅，稳定餐厅。

最后卫生间调整洁具，下移门。

过短的厨房操作台影响使用，应尽量延长。将几个门共用转换空间，可以减少对固定空间的干扰。

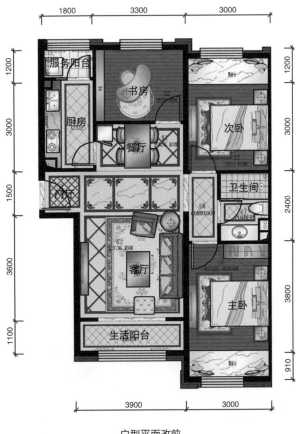

户型平面改前

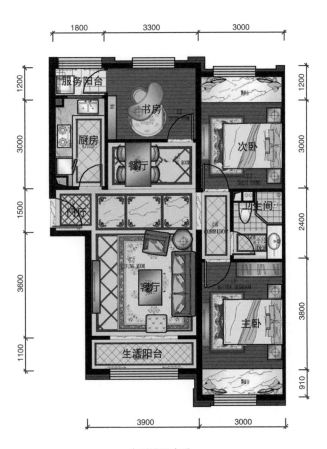

户型平面改后

改前

改后

❶ 从书房处改开阳台门。

❷ 增加厨房操作台为"L"形，并放入电冰箱。

❸ 卫生间门下移，调整洁具，宽松拘谨的坐便器，并将门藏在墙后。

❹ 改开厨房门，稳定餐厅。

户型3D改前

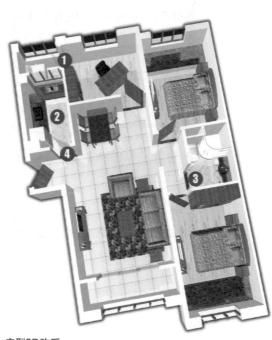

户型3D改后

14

北京流星花园
丙户型三层

位于北京市昌平区回龙观东小口镇马连店村。四室二厅四卫单车库,建筑面积252.73平方米,为地上三层加地下一层。该户型开间为6.3米,一层起居室和二层次卧的开间划分,比较适宜,只是三层主卧卫生间的开间有些偏小,放不下标准浴缸,影响了舒适度。

阳台布局:三层为主人空间,北侧大露台和挑空,与二层小露台形成了富有情趣的空中交流。可以调整的是,楼梯外的露台"刀把"处应该封闭。

改造重点:封闭部分露台,调整主卫。

北侧露台门至挑空处用玻璃封闭,形成小休闲空间,不管是品茗、对弈,还是养花弄草,都其乐融融。

主卫左上墙左移30厘米,使里侧安装上浴缸;下移主卫下墙60厘米,并将洗手盘改成洗手台,横向设置。

对于别墅,阳台格局尽量规整,主卫尺度尽量宽大,以保证足够的舒适度。

阳台改造篇

户型平面改前

户型平面改后

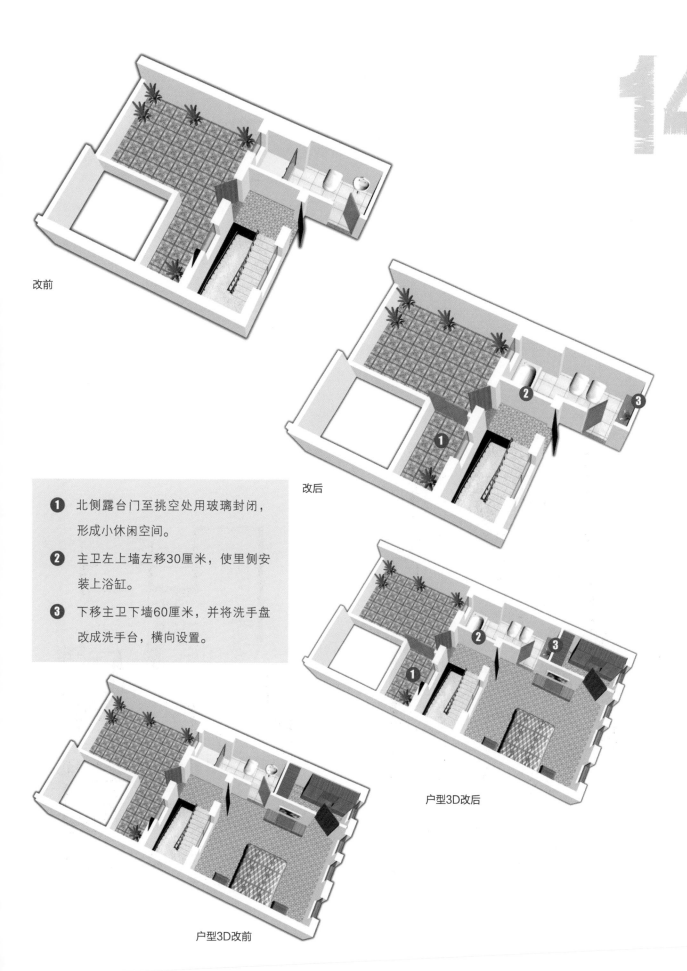

改前

改后

❶ 北侧露台门至挑空处用玻璃封闭，形成小休闲空间。

❷ 主卫左上墙左移30厘米，使里侧安装上浴缸。

❸ 下移主卫下墙60厘米，并将洗手盘改成洗手台，横向设置。

户型3D改后

户型3D改前

标准阳台

14

15

万宁金泰·南燕湾

A2-1户型

位于海南省万宁市南燕湾旅游度假区。二室二厅二卫，建筑面积104平方米，使用率88%。户型为板楼的边户型，三面采光，格局方正，非常通透。存在问题是：大门直对着客厅，过于暴露；开放式厨房，不会与斜对的餐厅构成直接交流；主卫外间洗手台潮湿对衣柜有影响。

阳台布局： 北侧观山双阳台，南侧观海双阳台，充分体现了与自然景观的密切交流。

改造重点： 拆掉餐厅阳台的临时玻璃推拉门，扩大餐厅。

另外：大门改开对着厨房；封闭厨房，改平开门朝向门厅；主卫外间改成梳妆台，洗手台移至坐便器对面；下移衣帽间垭口，保证主卧门开启后有依靠。

调整后，大门处形成了门厅加影壁墙，客厅也避免了直对大门，同时主卫里外间的功能分离得更合理，也避免了窗前无法安装洗手台镜子的窘况。

户型平面改前

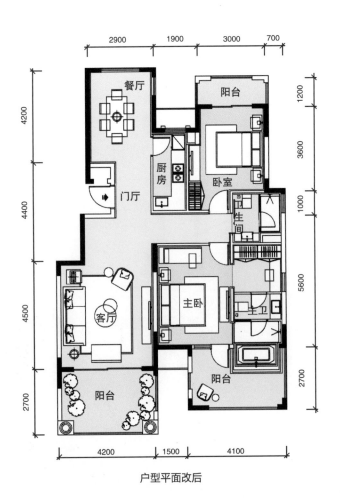

户型平面改后

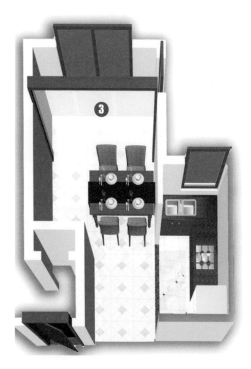

改前

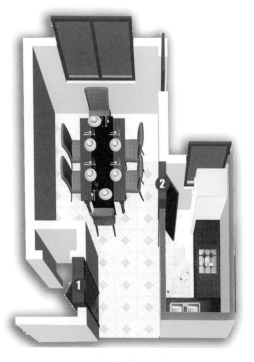

改后

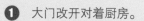

❶ 大门改开对着厨房。

❷ 封闭厨房，改平开门朝向门厅。

❸ 拆掉餐厅阳台的玻璃推拉门。

❹ 主卫洗手台移至坐便对面。

❺ 外间改成梳妆台。

❻ 下移衣帽间垭口，保证主卧门开启后有依靠。

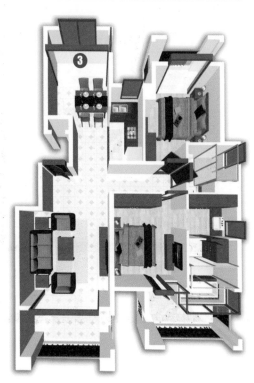

户型3D改前

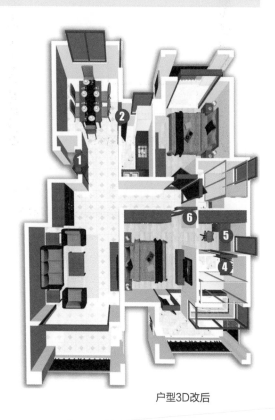

户型3D改后

16

北京玺萌鹏苑

"钻石"户型

位于北京市南三环丰台区草桥南。一室一卫一厨，建筑面积33.23平方米。户型朝向为正北，开放阳台。户型面积的均好性还可以：3.6平方米的卫生间够用，5.1平方米的厨房好使，只是14.26平方米的居室稍有些局促。

阳台布局：阳台位于床的侧面，为半采光，同时厨房也共用这一采光口。

改造重点：封闭阳台，改造成小餐厅，并拆掉厨房的窗户，便于传递饭菜。

另外，厨房的墙上移，门设至在偏中的位置，改橱柜为"L"形布局，门后放置电冰箱。扩大卫生间，将洗衣机纳入。

通过增加阳台功能，缩小厨房，扩大卫生间，扩大卧室，使空间的面积配比更为合理。

户型平面改前

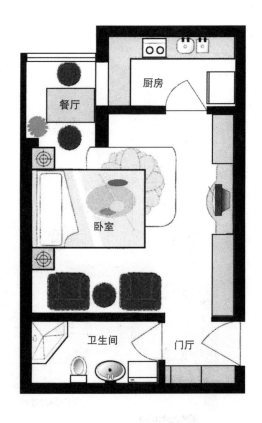

户型平面改后

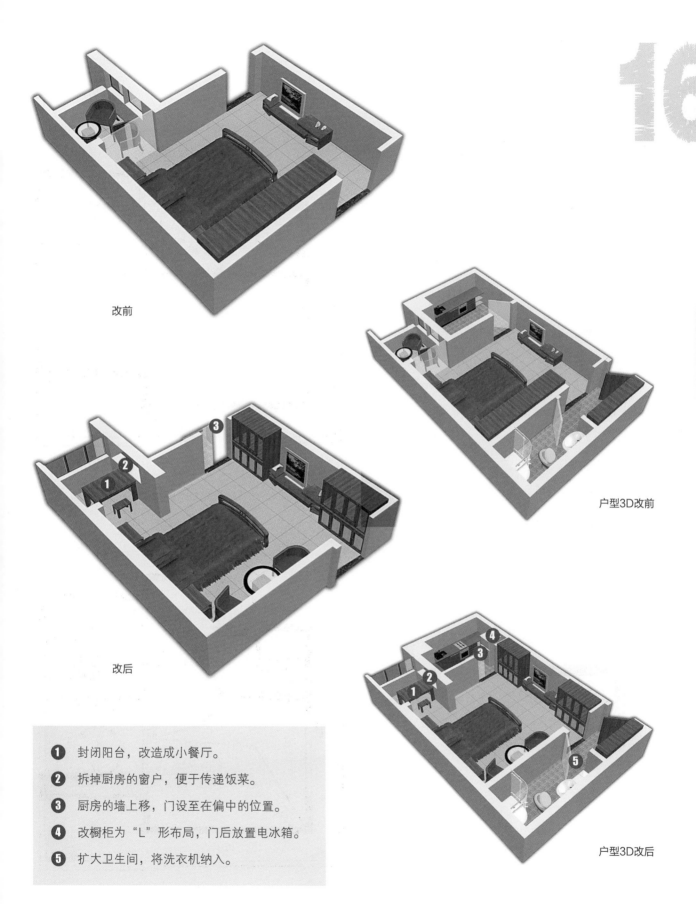

改前

户型3D改前

改后

户型3D改后

❶ 封闭阳台，改造成小餐厅。

❷ 拆掉厨房的窗户，便于传递饭菜。

❸ 厨房的墙上移，门设至在偏中的位置。

❹ 改橱柜为"L"形布局，门后放置电冰箱。

❺ 扩大卫生间，将洗衣机纳入。

17

海口鸿洲·江山

A户型二层

位于海南省海口市美兰区海榆大道188号。一室二厅二卫，建筑面积141平方米，为精巧双拼别墅。一层为起居室和厨卫，二层一半挑空，另一半为卫生间、楼梯和卧室。存在的问题是：卫生间过小，没淋浴。

阳台布局：西、南侧设置阳台和露台，但因挑空无法上去。

改造重点：封闭部分挑空，增加卧室，改开通向露台的门，并打通露台和阳台的隔断。

另外，去掉衣帽间，卫生间变为干湿分离。

调整后，增加了实用的卧室，扩大了卫生间，露台和阳台也能正常使用了。

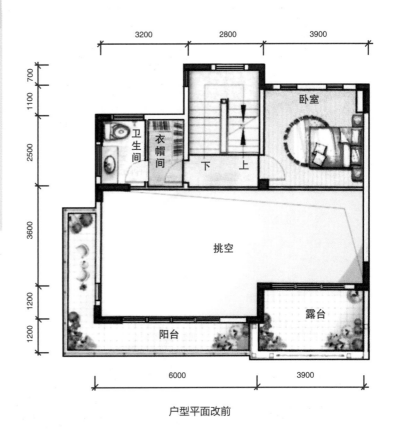

户型平面改前

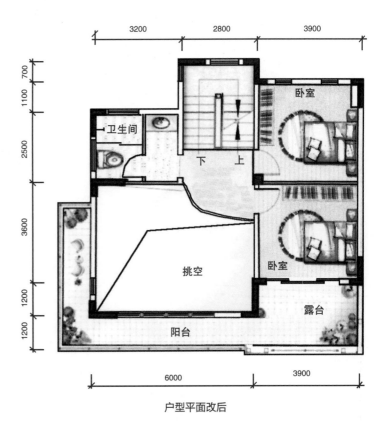

户型平面改后

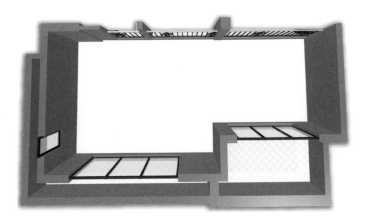

改前

1 去掉衣帽间，卫生间变为干湿分离，增加独立淋浴间。

2 封闭右半部分挑空，变为卧室。

3 增开卧室通露台的门。

4 打通露台和阳台的隔断。

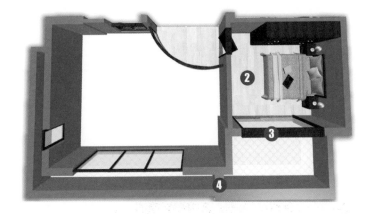

改后

标准阳台

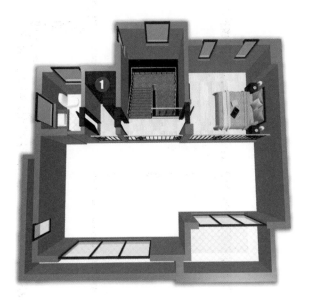

户型3D改前

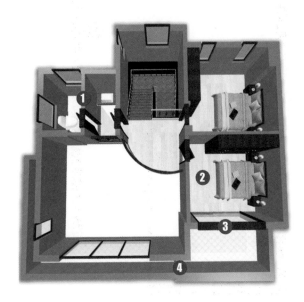

户型3D改后

18

北京小营政策房
B户型

位于北京市海淀区中轴线西侧地铁8号线西三旗北五环北站。一室一卫，建筑面积45.8平方米，为塔楼全南采光的户型，实际为大开间的一居室，隔出的起居部分面积稍小。

阳台布局：厨房阳台和卧室阳台采用错落设计，外立面不太美观。

改造重点：设计时下移卫生间和厨房，使厨房上墙与卧室上墙取齐，厨房阳台与卧室阳台取齐。

另外，增加客厅沙发。

政策房设计尽量考虑节约成本，两个阳台取齐不仅外立面规整、内外结构得到简化，交通动线也更为便捷。

阳台改造篇

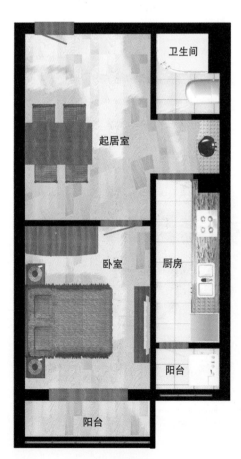

户型平面改前

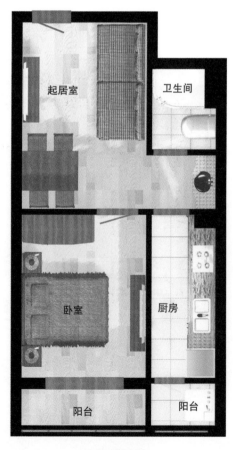

户型平面改后

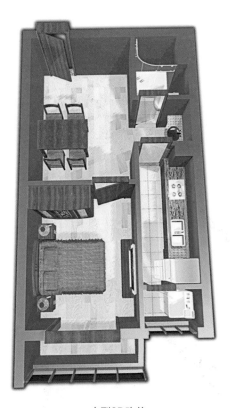

户型3D改前

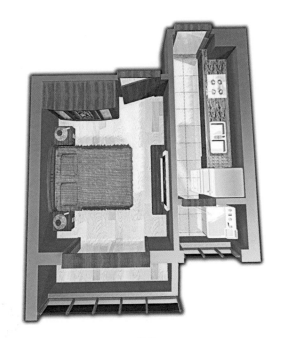

改前

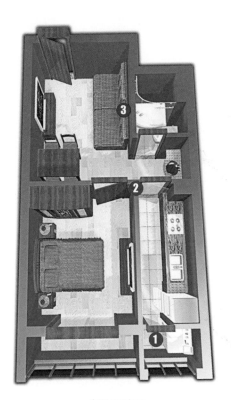

户型3D改后

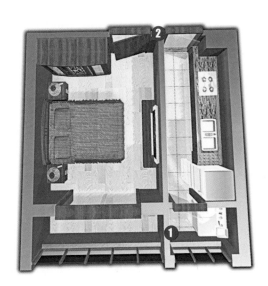

改后

❶ 下移卫生间和厨房，厨房阳台与卧室阳台取齐。

❷ 厨房上墙与卧室上墙取齐。

❸ 增加客厅沙发。

19

秦皇岛金海岸
A反户型

位于河北省秦皇岛市南戴河洋河入海口与观海路交汇处，南临蔚蓝大海仅100米。一室一厅一卫，建筑面积97.96平方米。该户型位于鱼骨状楼体的最前端，为充分观赏大海，卧室采用弧形落地窗，视角开阔。

阳台改造篇

阳台布局：起居区外封闭阳台可以直接观海，但窗户为半开设计，遮挡了珍贵的观景面。

改造重点：设计时扩大阳台窗户的开口，增加观景面的同时，不会窥视到后面的住户。

另外：卫生间设计在起居区的最里侧，消化异形空间的同时，留出浴缸的位置；餐厨区设计在卫生间外侧，借势门厅；下移卧室上墙，设计出门厅衣柜和卧室衣柜。

这类海景房多为度假公寓，优化设计时，一是要保证充分的观景面，二是空间尽量避免分割零碎。

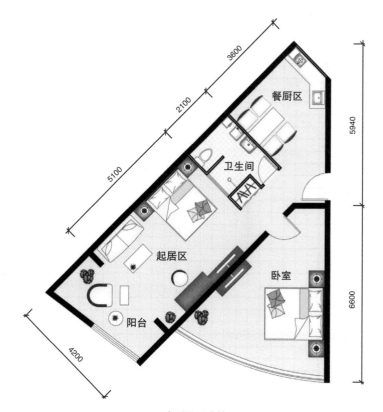

户型平面改前

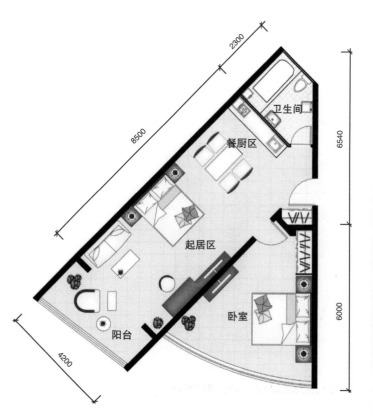

户型平面改后

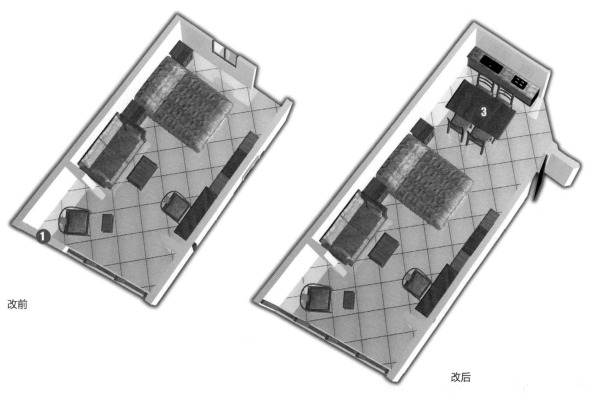

改前

改后

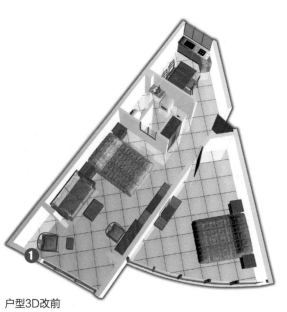

户型3D改前

① 扩大起居区阳台窗户的开口,增加观景面的同时,不会窥视到后面的住户。

② 卫生间设计在起居厅的最里侧,消化异形空间的同时,留出浴缸的位置。

③ 餐厨区设计在卫生间外侧,借势门厅。

④ 下移卧室上墙,设计出门厅衣柜和卧室衣柜。

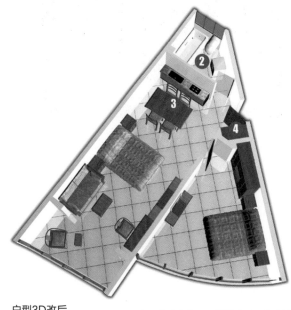

户型3D改后

北京万科蓝山
A户型

位于北京市朝阳区西大望路。三室二厅二卫，建筑面积164平方米，使用率75%。户型为一梯一户的纯板楼，采用主工双入户的设置。

阳台布局：北侧服务阳台担负工人通道和设备间的职能，缺憾是前往阳台的通道偏长，并且途经洗手台、柜子等凌乱的设施，同时次卫缺少窗户。

改造重点：通往阳台的通道改在原次卫处，直对着客厅；次卫优化设置在左侧，合并干湿间，并且改成明卫；阳台设备间结合次卫淋浴间统一设计。

另外，餐厅右侧的垭口下移，使墙面形成一定的夹角，保持餐厅的稳定。

这样优化设计的好处是，交通动线便捷，节约空间，不仅加大了原本局促的次卫，使其借助阳台变成明卫，同时户内又增加了一条直接的通风通道。

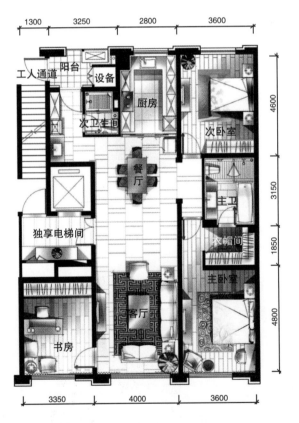

户型平面改前

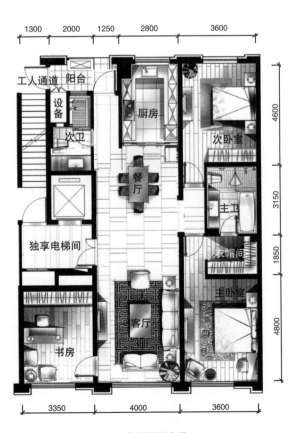

户型平面改后

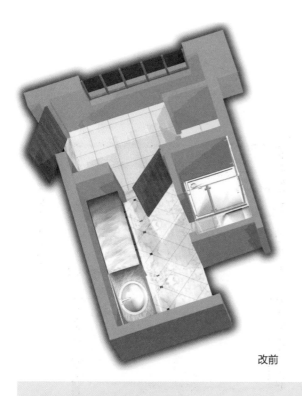

改前

改后

❶ 阳台通道直对着客厅。

❷ 阳台设备间结合次卫淋浴间统一设计。

❸ 次卫优化设置在左侧，合并干湿间，并且改成明卫。

❹ 餐厅右侧的垭口下移，使墙面形成一定的夹角，保持餐厅的稳定。

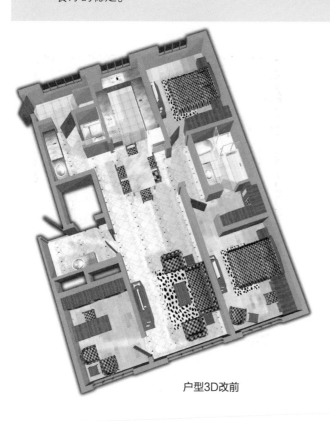

户型3D改前

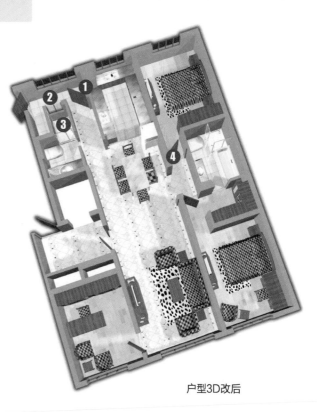

户型3D改后

21 北京天恒乐活城
A3户型

位于北京市房山区京石高速闫村出口向西1500米。二室二厅一卫，建筑面积77.74平方米。为塔楼的南户型，单面采光，厨房和次卧窗户因在开槽内，通风、采光较差。

阳台布局：客厅阳台为开放阳台，满足起居室的通风、采光。厨房阳台为封闭阳台，解决厨房和次卧通风、采光的同时兼顾洗衣功能。问题是：次卧窗户面壁，采光较差，建议与厨房对调。

改造重点：设计时，次卧与厨房对调，次卧改在上端，缩短阳台进深。

另外，门厅衣柜和次卧衣柜背对设置，并使厨房门对着餐厅。

这类用开槽解决次卧和厨房采光的设计，尽量将卧室直接、厨房间接对着光线方向，以获取最大亮度和景观。

户型平面改前

户型平面改后

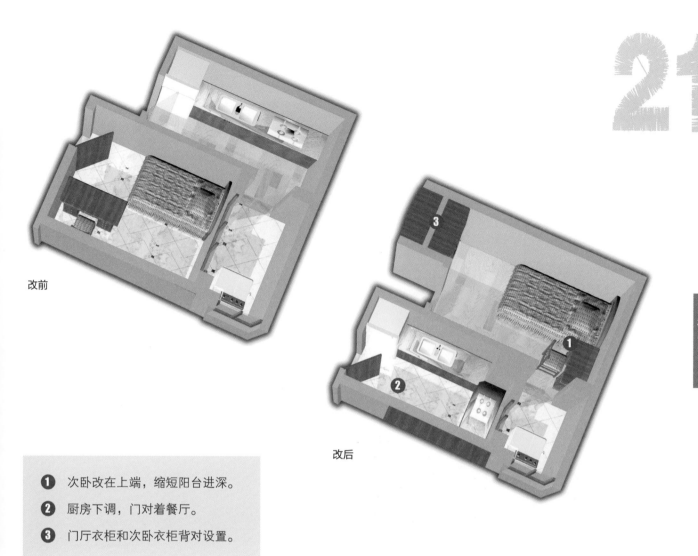

改前

改后

❶ 次卧改在上端，缩短阳台进深。

❷ 厨房下调，门对着餐厅。

❸ 门厅衣柜和次卧衣柜背对设置。

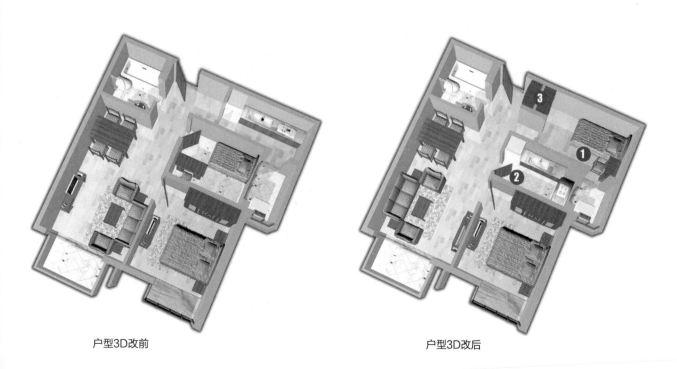

户型3D改前

户型3D改后

22 漳州海湾·太武城
01—04户型

位于福建省漳州市的招商局漳州开发区。二室二厅二卫，建筑面积115.46平方米。由于进深仅10.3米，并且面宽大于进深，三面采光，整个空间显得非常明亮。同时，2.5米开间的厨房、2.3米开间的主卫，特别是餐厅和客厅，占据了两个开间，整体宽敞而通透。问题是，次卫和主卧之间的空间有些浪费。

阳台布局：次卫左侧阳台和入户花园，注重与外界的沟通，营造空中花园，使户型显得个性十足。

改造重点：入户花园封上部分玻璃窗，设计成一个不错的书房。左侧大阳台直接封上窗户，改成多功能房。

另外：次卫的右侧墙延长并折角，设计出洗衣间，这样，餐厅也会因夹角墙延长变得比较稳定。

调整后，将交通通道改成了洗衣间，保证就餐区域的同时，也使得次卫更为隐蔽。在增加书房的同时，留出了门厅，空间划分更为细致。这样，户型变成了四室二厅二卫。

户型平面改前

户型平面改后

阳台改造篇

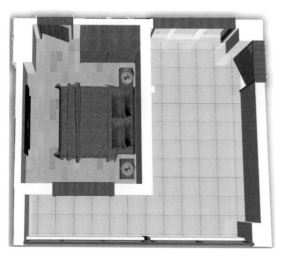

改前

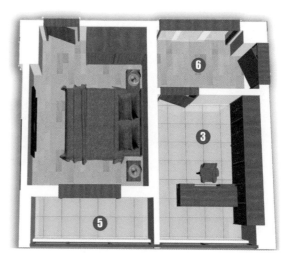

改后

① 次卫的右侧墙延长并折角，设计出洗衣间。

② 餐厅因夹角墙延长变得比较稳定。

③ 入户花园封上部分玻璃窗，设计成书房。

④ 大阳台封上窗户，改成多功能房。

⑤ 入户花园保留部分开放阳台。

⑥ 书房上留出门厅。

标准阳台

户型3D改前

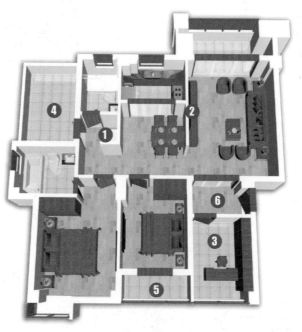

户型3D改后

特殊阳台

特殊阳台的特殊性在于：开间、进深尺度非标，形状各式各样，功能五花八门。

◈ 对接居室合理

特殊阳台与居室的对接往往是直接的，无隔断的，因此，很容易就成为居室向外延伸的一部分。特殊阳台的形状、位置或多或少地影响着居室的格局。比如：阳光室设在卧室的床头，可能会影响床头柜的摆放；开窗时，可能还会有床头风。再比如，阳光室设在卧室的床尾，可能会影响电视墙的长短。

◈ 功能转换自然

特殊阳台虽然与居室相连，但担负着不同的功能，要尽量衔接自然。像与客厅相连的阳光室和开放阳台，中间会出现立柱，要注意视线的阻碍。像可以改成居室的阳台，除了注意封闭后的保温外，还要考虑门窗的合理尺度和位置，以保证使用时与其他居室的感觉相近。

23 苏州石湖华城

A户型

位于江苏省苏州市吴中区吴中大道1083号。三室二厅三卫，建筑面积165平方米，为纯板楼南北户型，采光不错，但通风不好，起居室横向设置，餐厅和客厅有些相互干扰。

阳台布局：厨房外侧的类似阳台的服务间，无法放置床和衣柜，只能做工人通道，意义不大。另外，主卧的八角阳光室过大，并不能有效提高舒适度。

改造重点：设计时调整公共交通管井，工人通道改成独立阳台，并扩大厨房开间，变成半开放式；缩小主卧八角阳光室。

另外：餐厅调整到客厅北侧，形成南北通透；客卫改在主卫旁，便于共用管线通道；次主卧和次卧调整到左下端；门厅直对着过道，节约交通面积。

改造后几个阳台的功能纯粹，面积适宜，同时主卧、客厅和餐厅的面积有效地扩大，采光和通风更加良好。

阳台改造篇

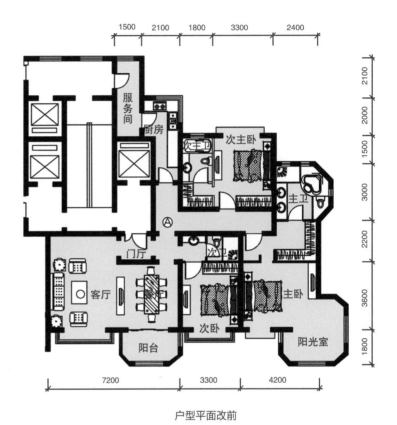

户型平面改前

户型平面改后

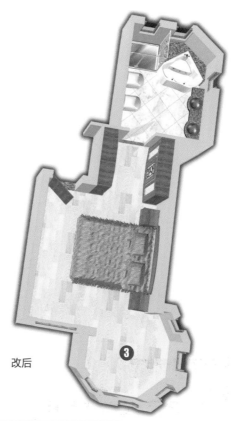

改前

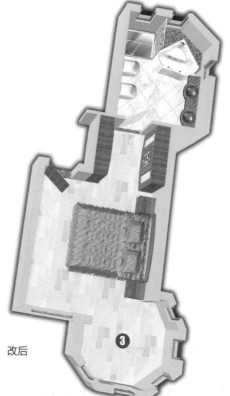

改后

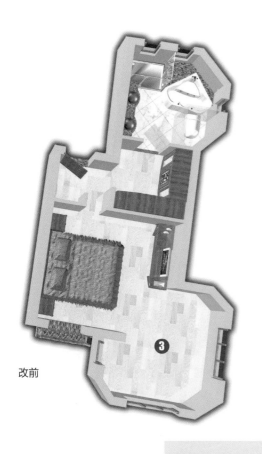

① 服务间改成独立阳台。

② 扩大厨房开间，变成半开放式。

③ 缩小主卧八角阳光室。

④ 餐厅调整到客厅北侧，形成南北通透。

⑤ 客卫改在主卫旁，便于共用管线通道。

⑥ 次主卧和次卧调整到左下端。

⑦ 门厅直对着过道，节约交通面积。

户型3D改前

户型3D改后

特殊阳台

41

24

漳州招商花园城
A户型

位于福建省漳州市招商局漳州开发区一区。二室二厅一卫，建筑面积81.66平方米，赠送阳台面积9平方米。该户型为短进深板楼，面宽较大，三面采光，整体明亮、通透。

阳台布局：前后三个阳台基本满足了日常生活的需要，另外一个采用预先浇注部分楼板的毛坯处理，使阳台外空间处于楼体结构里侧，购房者可以根据需要封上楼板和窗户，打造成一间居室。

改造重点：中间阳台挑空部分上下层都浇筑上水泥楼板，与里侧天花板和阳台地面取齐，然后将外侧封闭并装上窗户，可以变成一个实用的书房。

另外，次卧的衣柜调整到左侧，一是使飘窗台全部露出，二是好在床尾墙面安装电视。

阳台的改动涉及外立面，最好结合上下楼统一进行，这样既可以得到邻里的呼应，也能节省浇铸一层楼板的费用。

户型平面改前

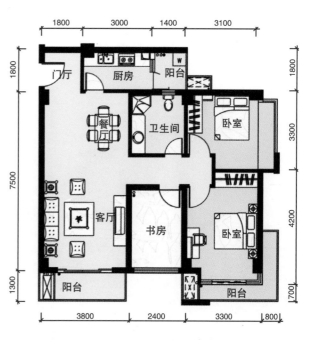

户型平面改后

阳台改造篇

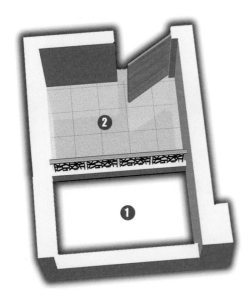

改前

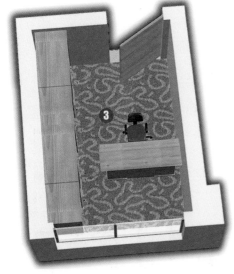

改后

1 中间阳台挑空部分上下层都浇铸上水泥楼板。

2 里侧天花板和阳台地面取齐。

3 外侧封闭并装上窗户，可以变成一个实用的书房。

4 次卧的衣柜调整到左侧。

特殊阳台

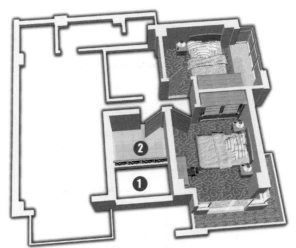

户型3D改前

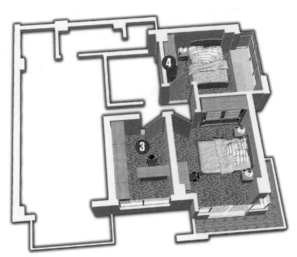

户型3D改后

43

25 珠海东方顺景
503户型

位于广东省珠海市香洲区吉大区九洲大道中1102号。三室二厅二卫，建筑面积118.01平方米，使用率80.5%，赠送面积22平方米。该户型基本为塔楼单向采光设计，三个卧室和起居室横向排列，面积配比合理，动静分离非常明确，两个卫生间和厨房采用楼体内开槽设置窗户，整体通风、采光不错。

阳台布局： 拐角花厅加阳台的设计，在客厅的外侧留出了改造空间，只要将其封闭，就可以变成一个22平方米的书房。

改造重点： 花厅的右侧沿外墙封上落地门窗，因为处在南方，建议还是保留部分开放阳台，便于休闲、养植，同时，将花厅通往客厅的门改成单开。这样，改造完居室可以用做书房。开放阳台部分可以和客厅的阳台隔断，保证书房与客厅互不干扰。

另外，主卫的门上移45厘米，洗手台偏转90度放置下端，增加其长度，也便于安装大镜子。

虽然改动不多，但封闭花厅增加了一个重要的居室，使三居变成了四居。

户型平面改前

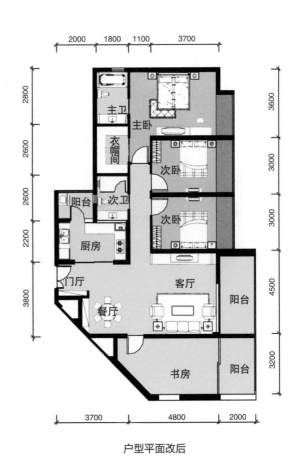

户型平面改后

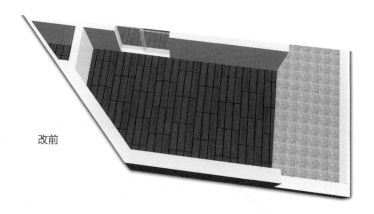

改前

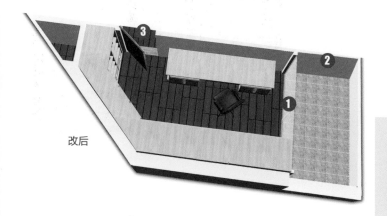

改后

① 花厅沿外墙封上落地门窗，改成书房。

② 保留开放阳台，但与客厅阳台隔断。

③ 通往客厅的门改成单开。

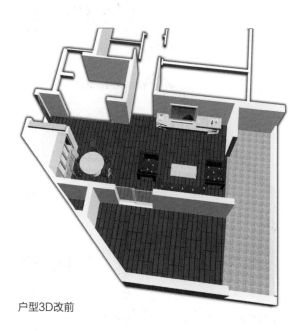

户型3D改前

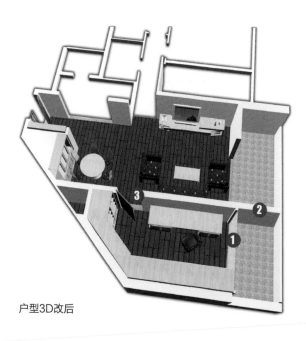

户型3D改后

特殊阳台

26 厦门禹洲大学城
05户型

位于福建省厦门市同安区同集路中段。二室二厅二卫，建筑面积125平方米。该户型处于蝶形塔楼的东南侧，在左上方斜向开槽，使卫生间和厨房通风。不足的是，服务空间因为异形的原因，普遍显得比较拥挤，尤其是主卫，里面的淋浴间和洗手台局促，使用起来有些拥堵。

阳台布局： 户型为梯形格局，有两个阳台：大门内的入户花厅；南侧的大花厅和开放阳台。这些在一定程度上满足了纳凉和种花的需求，同时也可以充分改造。

改造重点： 将入户花厅封上窗户，隔成一间卧室，并在居室外的门厅放上衣柜，变成门厅。拆掉封闭大花房的推拉门，改成客厅。

另外，将主卫向厨房扩张一些，调整洁具。

改造的结果，不仅让两间用途有限的花厅变成实用的居室，而且洗衣间的巧妙设置，使厅看起来方正，同时厨房、次卫，以及主卧和书房的门都变得隐蔽。

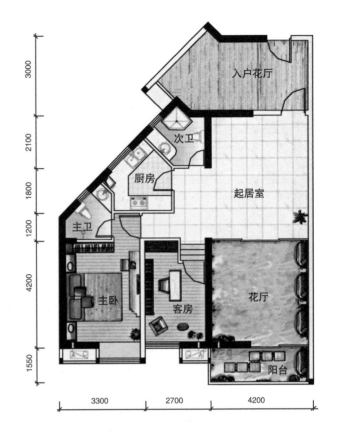

户型平面改前

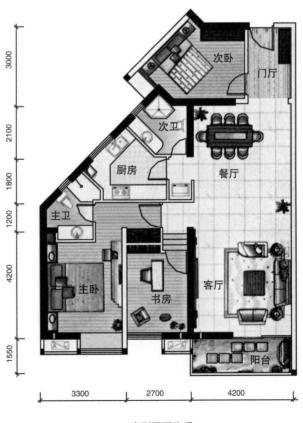

户型平面改后

阳台改造篇

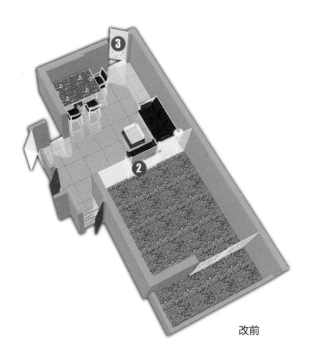
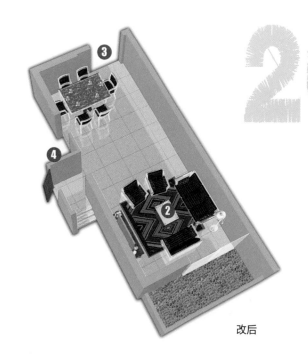

改前

改后

❶ 入户花园隔成卧室和门厅，并封上窗户。

❷ 花房与客厅间的推拉门移到阳台，扩成新客厅。

❸ 门厅和餐厅之间的门拆掉并扩宽垭口。

❹ 厨房门外设置洗衣间。

❺ 主卫下墙下移，保证安放洗手台，同时向厨房扩大，设置淋浴间。

❻ 主卧衣柜从书房上端的走廊里解决，而书房一侧还可以设置薄一些的书柜。

户型3D改前

户型3D改后

特殊阳台

27 北京橡树湾
C-1户型

位于北京市海淀区清河。三室二厅二卫，建筑面积130平方米，使用率80%。该户型处于板塔楼的板楼部分，进深仅9米，非常通透，多处的落地角窗充满着时尚感。居室横向排列，交通通道被巧妙地消化到餐厅和客厅里，避免了横向户型易出现的长过道。

阳台布局：北向的花厅与餐厅相邻，使用餐感到非常惬意，透过宽大的落地角窗，可以时时体会到叶绿花红带来的浓浓春意。但朝北的设计，对于冬季寒冷的北京来说，一年中有相当长的时间无法养殖需要阳光的花草。有所缺憾的是：两个阳台的拐角处都被空调占用了宝贵的空间。

改造重点：将花厅的推拉门移至外侧，与餐厅北侧的窗户取齐，外部形成一步开放阳台，内部改成餐厅。

另外：原餐厅封闭，改成半通透的书房；大门旁的次卧右墙右移20厘米，并将大门开启方向对调，使大门开启时不至于遮挡次卧的门；把主卫洗手台改在坐便器对面，并将门右移并反向开启，同时，次卫的洗衣机移到主卫的门后，以缓解次卫的拥挤状态。

改造亮点是将花厅改成餐厅连接客厅，使得起居空间的面积有所扩张，同时还增加了一个书房，户型的实用性大大加强。

户型平面改前

户型平面改后

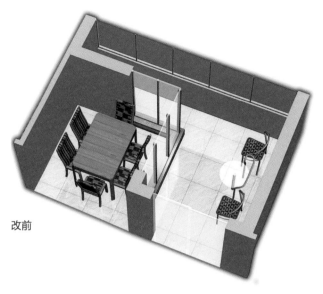

改前

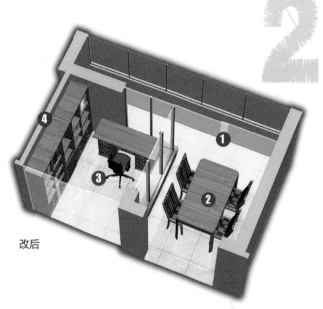

改后

❶ 花厅的推拉门移至外侧。

❷ 内部改成餐厅。

❸ 原餐厅封闭，改成半通透的书房。

❹ 大门旁的次卧右墙和门右移20厘米，并将大门开启方向对调。

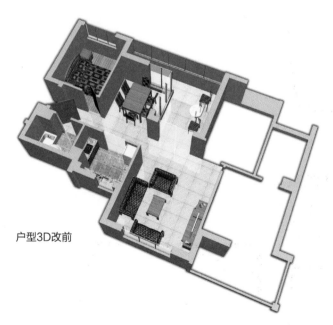

户型3D改前

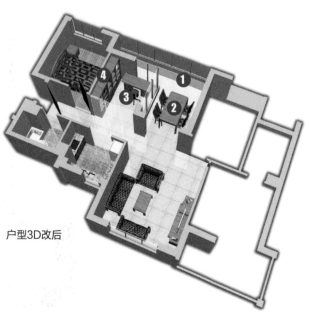

户型3D改后

28 万宁保利·半岛1号
1户型

位于海南省万宁市神州半岛旅游区。一室一厅一卫，建筑面积88平方米，位于塔楼东北和西北，三面采光。户型成梯形布局，不足之处是，餐厅和客厅分离牵强，厨房局促。

阳台布局：两个阳台加入户花厅留出了很大的改造空间。

改造重点：入户花厅封闭成厨房；封闭小阳台为次卧。

另外：拆除原厨房改门厅，设置餐厅屏风；餐厅移至左下角，与客厅分离；调整卫生间洁具。

调整后，厨房宽裕并纳入电冰箱，餐厅和客厅有效分离，增加的次卧使户型变成了两居室。

阳台改造篇

户型平面改前

户型平面改后

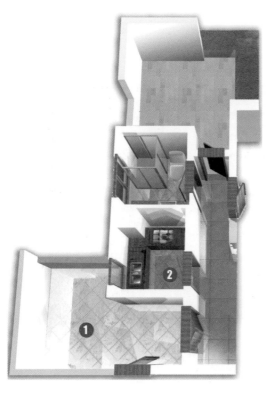

改前

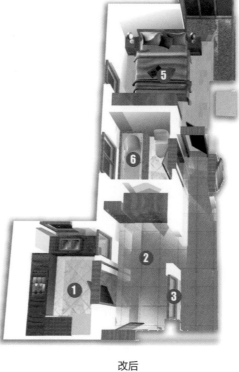

改后

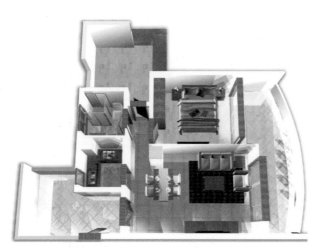

户型3D改前

1 入户花厅封闭成厨房。

2 拆除原厨房改门厅。

3 设置餐厅屏风。

4 餐厅移至左下角,与客厅分离。

5 封闭小阳台为次卧。

6 调整卫生间洁具。

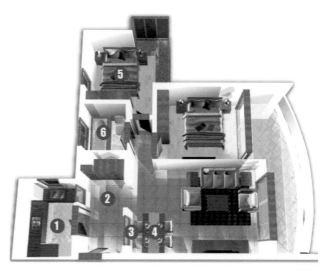

户型3D改后

特殊阳台

29 北京华润公元 九里F户型下层

位于北京市大兴区黄村北区。四室二厅四卫,建筑面积284平方米,为2梯2户的顶层复式结构,三面采光。下层采用三南四北格局:南部的两个次主卧尺度合理,配比到位,只是东次主卫可以调整洁具,加大洗手台;北部的次卫虽然与东次主卫相邻,可以共用管线,但不如与储藏间对调,改成明卫。美中不足的是:缺少工人间,配比不够。

阳台布局:北侧的阳台没有与室内联系的通道,使空中花园孤立无援,有些可惜。同时厨房外的服务的阳台只是个洗衣间,不仅遮挡了厨房的采光、通风,也使操作台面变短,应该与厨房打通。

改造重点:餐厅处增加阳台门;拆掉厨房与洗衣间隔墙,扩大面积,直接采光。

另外:楼梯逆时针偏转,改成从门厅上下;洗衣间调整到楼梯下;次卫改在储藏间处,左移窗户,形成明卫;储藏间改在次卫处,取直过道,使动线集中;右移次主卫门,加大洗手台,增加洁身器。

餐厅处阳台门的开设,使其成为下层的空中花园。

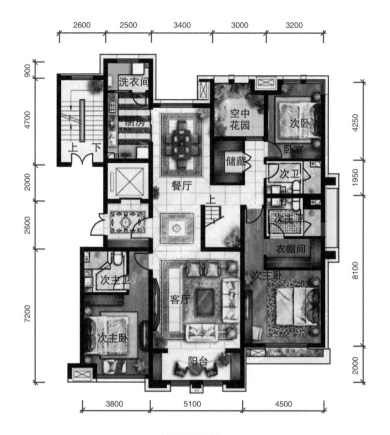

户型平面改前

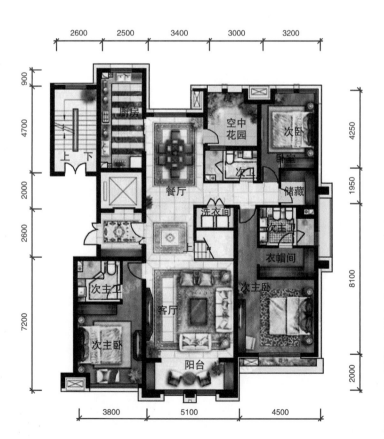

户型平面改后

改前

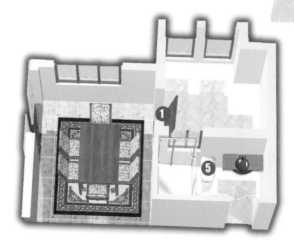

改后

❶ 餐厅处增加阳台门。

❷ 拆掉厨房与洗衣间隔墙，扩大面积。

❸ 楼梯逆时针偏转90度。

❹ 洗衣间调整到楼梯下。

❺ 次卫改在原储藏间处，形成明卫。

❻ 储藏间改在原次卫处，取直走廊。

❼ 右移次主卫门，加大洗手台，增加洁身器。

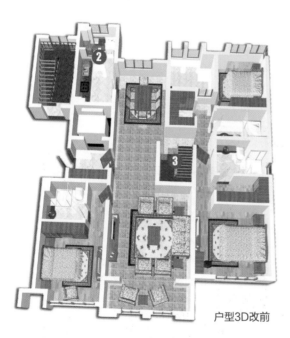

户型3D改前

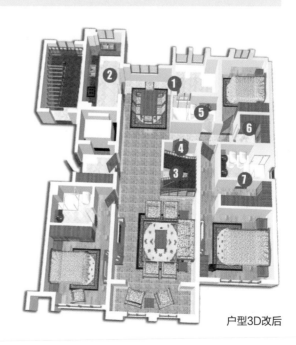

户型3D改后

30 北京华润公元九里F户型上层

位于北京市大兴区黄村北区。四室二厅四卫，建筑面积284平方米，为2梯2户的顶层复式结构，三面采光。上层为单独主人空间，非常私密，但主卫双淋浴设置，显得有些拥堵，并且坐便器背向设在门旁，不够合理。

阳台布局：由于处在顶层东侧，侧面的空中花园没有与室内联系的通道，使其孤立无援，有些可惜。

改造重点：开设露台门，用活顶层空中花园，同时增加主卧侧窗，加强与空中花园的交流。

另外：偏转楼梯90度；增加楼板为弧形，设置茶座，加强上下交流；左移主卧门，右侧增加衣柜；去掉淋浴间，调整浴缸，扩大洗手台，增加洁身器。

调整后，露台门和主卧侧窗的设置也使得楼顶的空中花园与室内产生了联系，同时，挑空处增加了富有趣味的休闲空间。

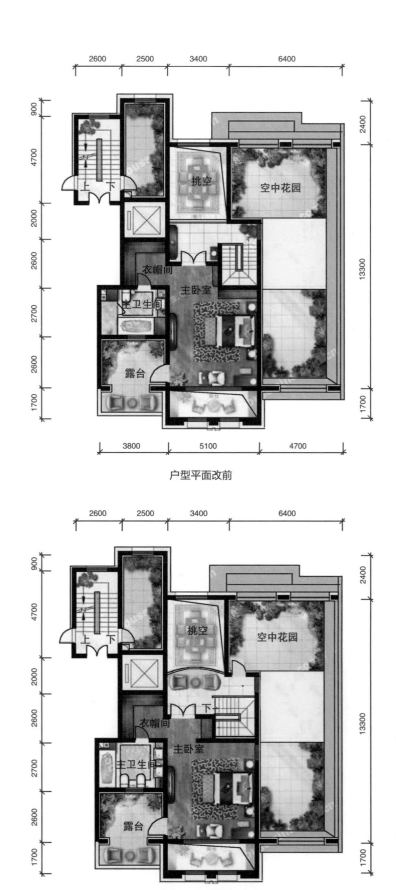

户型平面改前

户型平面改后

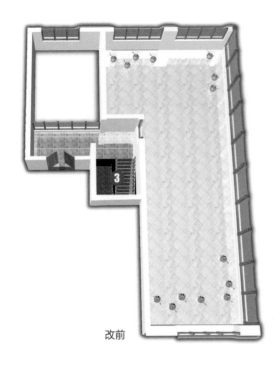

改前

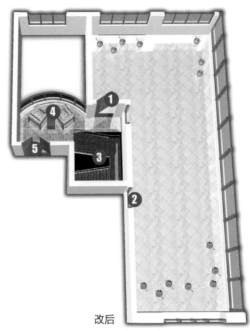

改后

特殊阳台

❶ 增开露台门，用活顶层空中花园。

❷ 主卧侧面增加窄条窗，加强与空中花园的交流。

❸ 楼梯偏转90度，改成从左侧上下。

❹ 挑空楼板扩大成弧形，设置茶座，加强上下交流。

❺ 左移主卧门，右侧增加衣柜，使门口形成隐蔽的门厅，保持卧室更加私密。

❻ 去掉淋浴间，调整浴缸，扩大洗手台，增加洁身器。

户型3D改前

户型3D改后

交通空间篇

楼梯

过道

楼梯

楼梯的均衡是以人的需求为基准的：豪宅追求气势，对楼梯的要求通常比一般居室要高；LOFT 空间狭小，楼梯仅仅是满足上下层交通的需要；而联排别墅，楼梯在每层的空间分配中占了举足轻重的位置。

✦ 大与小的均衡

不管是大独栋别墅中的开敞式楼梯，还是小跃层中的"一跑"楼梯，住宅内各空间的面积比例总是在不断地变化。实际上，在户型总面积有限的情况下，大与小都是处于相对的关系：楼梯大了，居室就可能小；跑数多了，占用面积就可能大；位置偏了，联系的过道就会变长。一般来说，楼梯处于户型的中部会减少交通动线，但同时也会占用宝贵的采光面。

✦ 动与静的均衡

现代住宅的"动静分离"是舒适度的标志，但有些时候也会有所融合。楼梯为"动"，居室为"静"，但动与静不是绝对的，在住宅以卧室"静"为主的环境中，不可避免地融入楼梯的"动"。与"个人空间"相对，也要有"公共空间"；与"私密性"相对，也要有"交往性"。所以，很多别墅类住宅会在楼梯旁设置家庭起居室，或者小的休息空间，以维持动静的平衡。

31

海口海域阳光
户型1下层

位于海南省海口市秀英区的西海岸CBD核心地段。三室二厅二卫，建筑面积140.19平方米，为重叠式跃层的全北户型，单面采光。下层为起居室和次卧，因解决次卧入门，卫生间采用干湿分离，但开间局促。

楼梯布局：楼梯位于左下部，逆时针上行将餐厅空间限定，若改成顺时针上行，餐厅则可借用楼梯下空间。

改造重点：反转楼梯。

另外：次卫上墙上移，扩大开间；厨房冰箱调整到门口。

调整后，功能空间尺度比较合理。

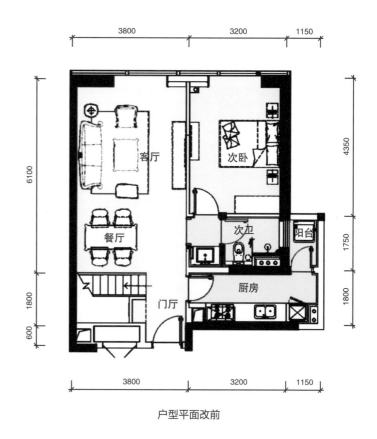

户型平面改前

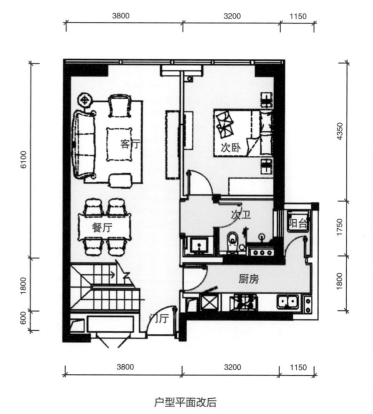

户型平面改后

交通空间篇

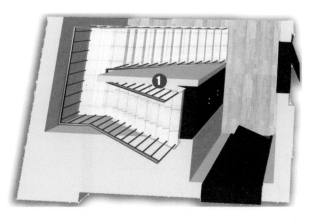

改前

改后

① 反转楼梯。

② 次卫上墙上移，扩大空间。

③ 厨房冰箱调整到门口。

楼梯

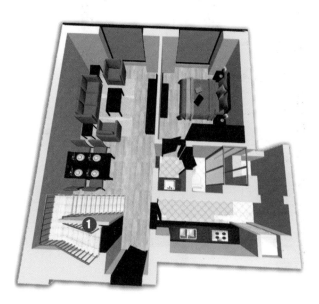

户型3D改前

户型3D改后

32 海口海域阳光户型1上层

位于海南省海口市秀英区的西海岸CBD核心地段。三室二厅二卫，建筑面积140.19平方米，为重叠式跃层的全北户型，单面采光。上层为主卧和书房，但过于开放使得书房用做次卧时，多少有些不便。

楼梯布局：顺时针下行楼梯间完整，但不如逆时针下行增加一小储藏间。

改造重点：反转楼梯。

另外：右移中央隔墙保证主卧开间；主卧设置在原书房处，并独立；书房设在外间；增加小储藏间。

调整分割后，功能空间相互干扰降到了最小。

交通空间篇

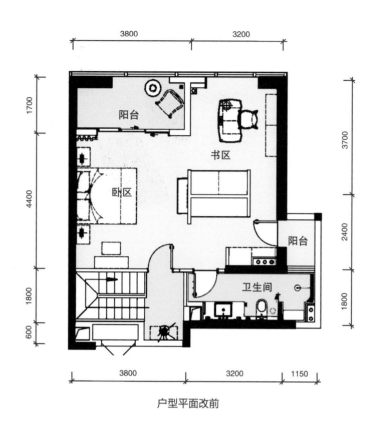

户型平面改前

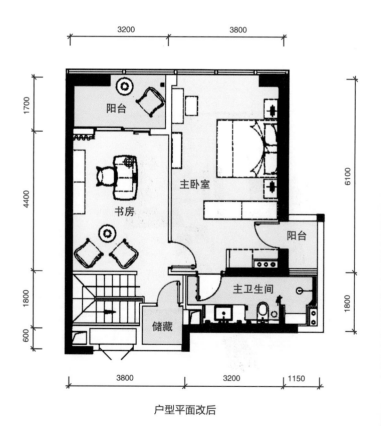

户型平面改后

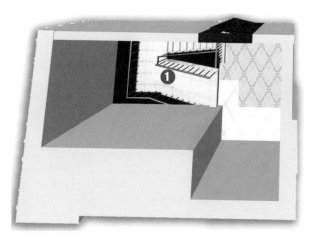

32

改前

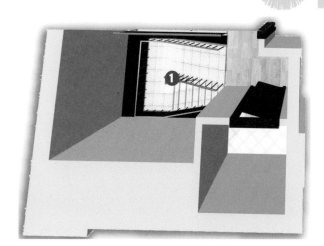

改后

① 反转楼梯。

② 增加小储藏间。

③ 右移中央隔墙保证主卧开间。

④ 主卧设置在原书房处，并独立。

⑤ 书房设在外间。

户型3D改前

户型3D改后

33 北京10号名邸 B户型下层

位于北京市海淀区车道沟桥东北，毗邻昆玉河。五室二厅四卫一工人间，建筑面积373.92平方米，为重叠式设计。富有特色的是下层前后双入户门，都有电梯。

楼梯布局：客厅局部的挑空，配合高大的窗户，可以将西山景观直接纳入富有气势的空间中，但螺旋楼梯在这样的大户型里过于局促。

改造重点：改螺旋楼梯为两跑楼梯，同时延长楼板，缩小挑空部分；次主卧部分的门下移至居室部分，拆掉楼道旁的隔墙，保证上下楼梯通畅。

另外：下移工人间下墙下移120厘米，扩大面积；如果全部打通，可以改成卧室。

复式大户型的楼梯很重要，既是美化挑空空间的关键设施，又是联系上下层的关键通道。

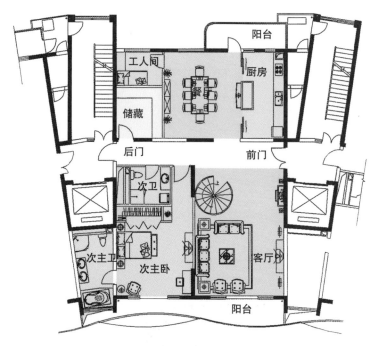

户型平面改前

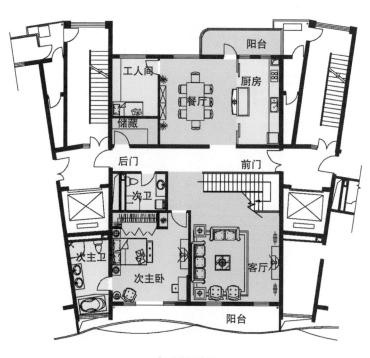

户型平面改后

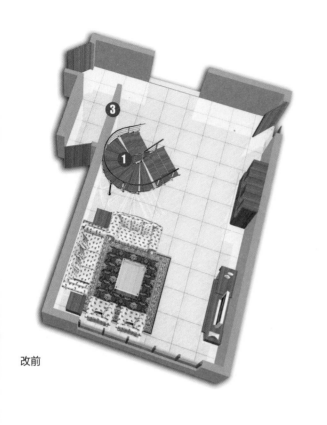

33

改前

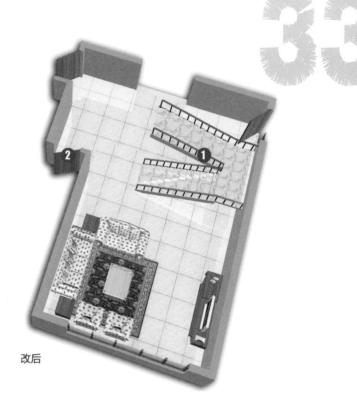

改后

1 改螺旋楼梯为两跑楼梯。

2 次主卧部分的门下移至居室部分。

3 拆掉楼道旁的隔墙，保证上下楼梯通畅。

4 下移工人间下墙。

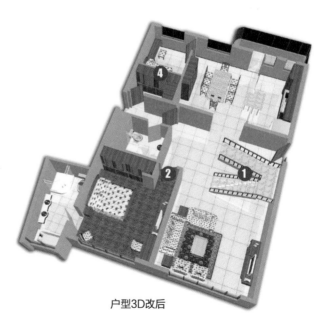

户型3D改后

户型3D改前

34 北京10号名邸 B户型上层

位于北京市海淀区车道沟桥东北，毗邻昆玉河。五室二厅四卫一工人间，建筑面积373.92平方米，为重叠式设计。富有特色的是上层也有入户门，既出入随意，又方便搬家。

楼梯布局：螺旋楼梯局促，并且家庭厅很狭窄。

改造重点：改螺旋楼梯为两跑楼梯；拆掉主卧门口外右侧的隔墙，结合改造扩大家庭起居空间，增加上下层的交流。

另外：次卫的门移到上端，朝向避免直对着家庭厅，并调整洁具；左上次卧的门拆掉，改开在里侧，并使储藏间独立出来，便于公用；书房与邻近卧室的折墙取直，保证空间的规整。

复式大户型上层的起居空间也很重要，可以与下层客厅进行空间交流。

户型平面改前

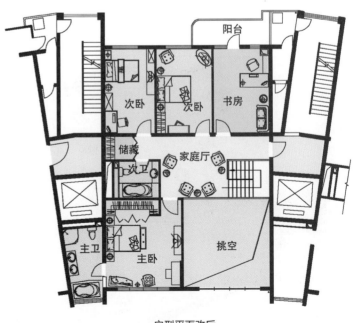

户型平面改后

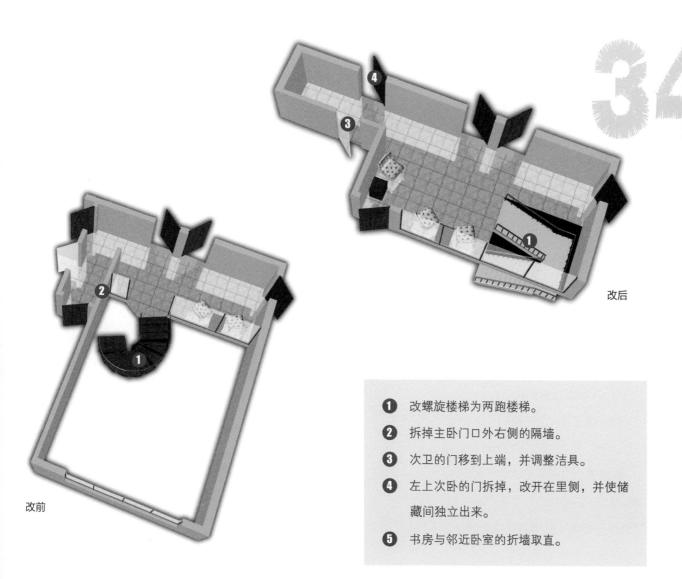

改后

改前

34

① 改螺旋楼梯为两跑楼梯。

② 拆掉主卧门口外右侧的隔墙。

③ 次卫的门移到上端,并调整洁具。

④ 左上次卧的门拆掉,改开在里侧,并使储藏间独立出来。

⑤ 书房与邻近卧室的折墙取直。

楼梯

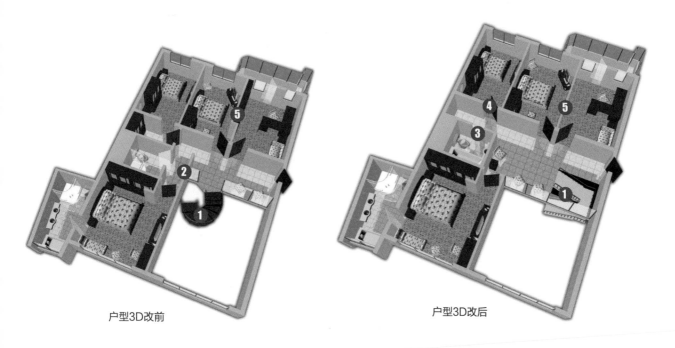

户型3D改前

户型3D改后

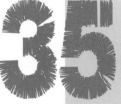

35 荣成悦湖路北项目

D-2户型下层

位于山东省荣成市悦湖路北。三室三厅二卫，建筑面积185平方米，为板楼的跃层部分，重叠式布局。下层存在问题是：大门到餐厅、厨房过于迂回；家庭起居室和客厅相临，功能重复；次卫淋浴对着坐便。

楼梯布局："L"形楼梯位于户型中部，隔断大门到厨房的过道。

改造重点：楼梯改成"U"形。

另外：打通门厅左墙，将入户动线调整至左侧；封闭原家庭起居室，改成卧室；次卫坐便器设计在中间，增加淋浴间。

调整后，增加了一间卧室，客厅敞亮、通透，入户更为便捷。

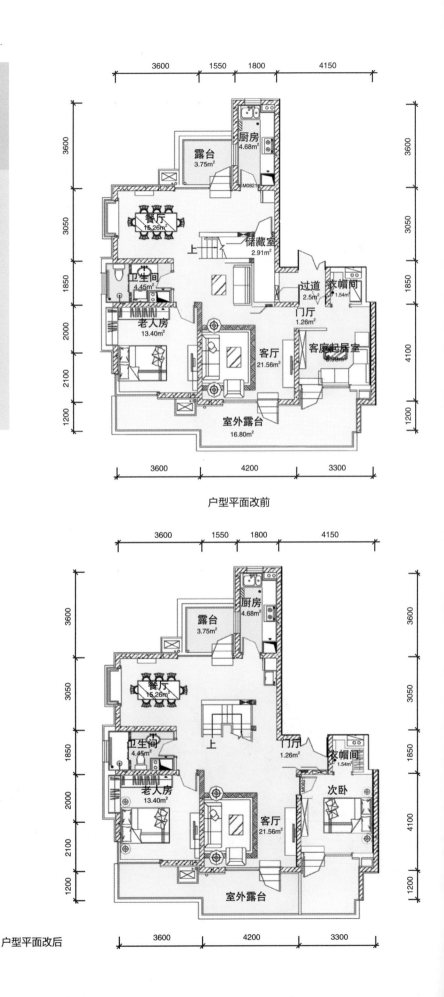

户型平面改前

户型平面改后

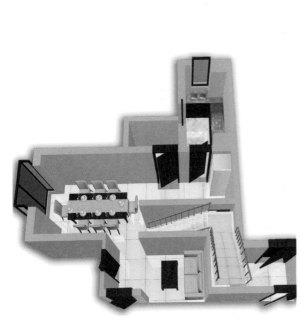

35

改前

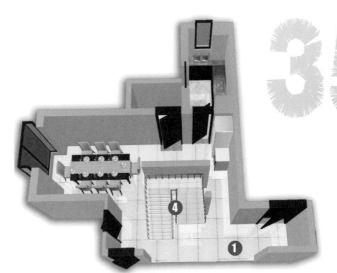

改后

1 打通门厅左墙，将入户动线调整至左侧。

2 封闭原家庭起居室，改成卧室。

3 次卫坐便器设计在中间，增加淋浴间。

4 楼梯改成"U"形。

楼梯

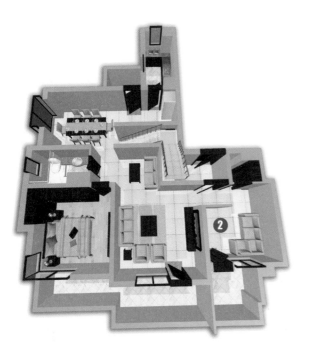

户型3D改前

户型3D改后

36 荣成悦湖路北项目

D-2户型上层

位于山东省荣成市悦湖路北。三室三厅二卫，建筑面积185平方米，为板楼的跃层部分，重叠式布局。上层北部露台为退台，通风、采光良好。两个卧室分在左右，中间为客厅挑空。存在问题是：次主卫淋浴对着坐便；主卧门悬空开启，床头靠近门一侧。

楼梯布局："L"形楼梯左侧虽然获得主卧衣帽间，但次主卫淋浴对着坐便器，非常局促。

改造重点：楼梯按照下层设计为"U"形，调整到中部，拐角出留出挑空，保持通透。

另外：次主卫左墙左移，扩大面积，增加淋浴间；主卧去掉衣帽间，改开门；水平偏转主卧床。

调整后，次主卫宽裕，楼梯上下通透，主卧门也有了依靠。

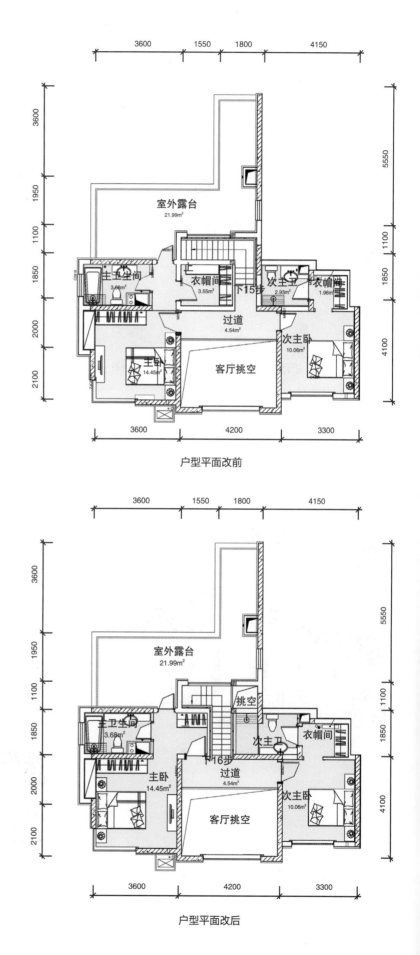

户型平面改前

户型平面改后

36

改前

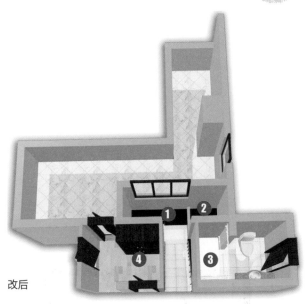

改后

楼梯

① 楼梯按照下层设计成"U"形，调整到中部。

② 拐角出留出挑空，保持通透。

③ 次主卫左墙左移，扩大面积，增加淋浴间。

④ 主卧去掉衣帽间，改开门。

⑤ 水平翻转床。

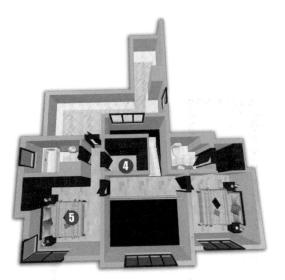

户型3D改前

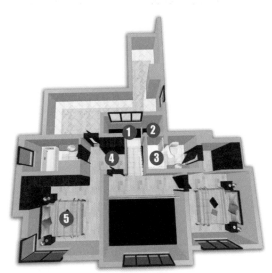

户型3D改后

37

承德未来城
D户型下层

位于河北省承德市开发区大石庙，紧邻迎宾路。二室二厅二卫，建筑面积103.61平方米，南向采光，为重叠式跃层结构。下层厨卫纵向排列，交通转换空间既隐蔽了门，又放置了冰箱。

楼梯布局：上楼须绕到餐厅里侧，穿过时干扰起居空间，并且动线稍长。

改造重点：反转楼梯，将楼梯反向设置，上楼从大门开始，避免绕道穿行。

调整后，餐厅和客厅减少了干扰，比较稳定。

交通空间篇

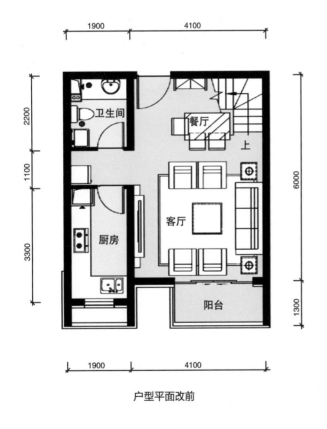

户型平面改前

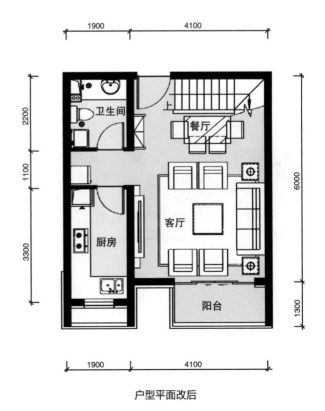

户型平面改后

改前

改后

楼梯

❶ 楼梯反向设置，上楼从大门开始，避免绕道。

户型3D改前

户型3D改后

38 承德未来城
D户型上层

位于河北省承德市开发区大石庙，紧邻迎宾路。二室二厅二卫，建筑面积103.61平方米，南向采光，为重叠式跃层结构。上层两个卧室基本平分开间，尺度合理，与下层一大一小形成了对比，避免了重叠式跃层常有的上下层开间相同，难以合理分配开间的弊端。

楼梯布局："一跑"式下楼，视觉挤压的同时，搬家具也不便。楼梯反转后，主卧因去掉衣帽间进深加大，楼梯处放置沙发形成了休闲区。

改造重点：反转成"U"形楼梯，宽敞迂回空间。

另外，下移主卧墙，去掉衣帽间；楼梯处设置休闲区。

调整后，主卧进深加大，楼梯处增加了休闲区。

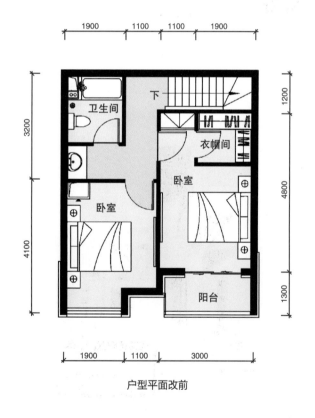

户型平面改前

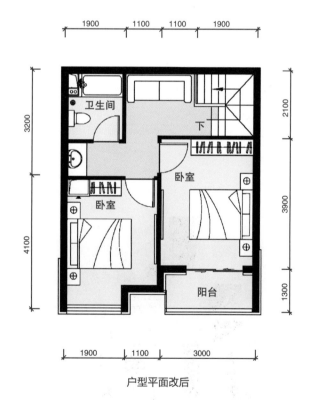

户型平面改后

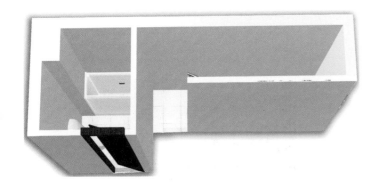

38

改前

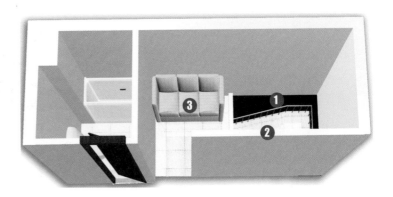

改后

❶ 反转成"U"形楼梯。

❷ 下移主卧墙，去掉衣帽间。

❸ 楼梯处设置休闲区。

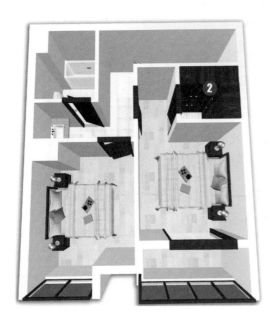

户型3D改前

户型3D改后

北京鲁能7号院

C7户型下层

位于北京市顺义区马坡镇顺恒大街东段北侧。三室二厅二卫,建筑面积173.68平方米,为跃层。下层为普通两居室结构,客厅与餐厅采用横向布局,并且客厅挑空。

楼梯布局:楼梯设置在中部,"U"形梯逆时针上行,占用中部空间偏大。

改造重点:设计时将楼梯偏转90度,改成顺时针上行,下移大门,使其与楼梯直对;厨房偏转,部分设在楼梯下。

另外:餐厅设在原洗衣间处,方便使用并充分利用空间;隔出棋牌室。

优化调整后,增加了功能空间,缩短了上楼的交通动线。

交通空间篇

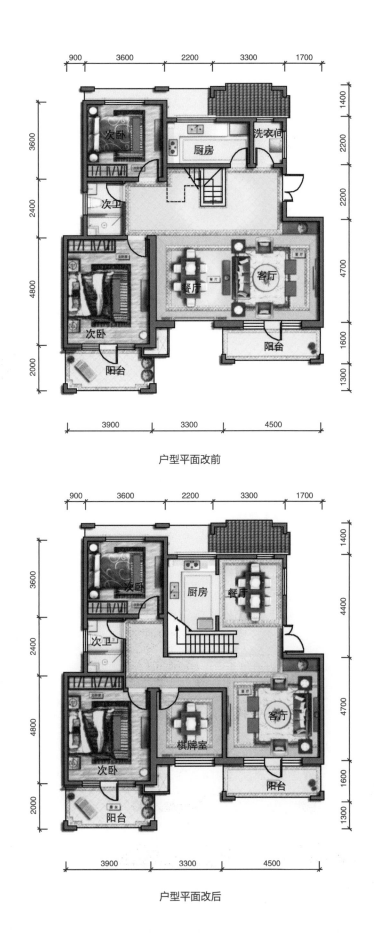

户型平面改前

户型平面改后

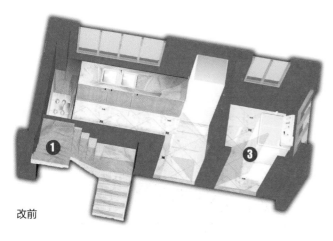

改前

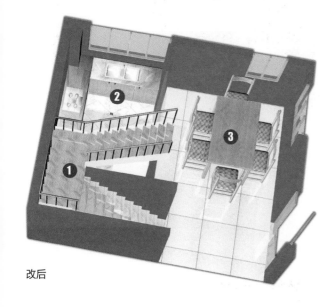

改后

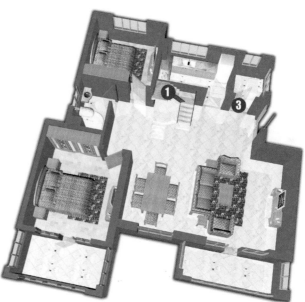

户型3D改前

❶ 楼梯偏转90度，改成顺时针上行，下移大门，使其与楼梯直对。

❷ 厨房偏转，部分设在楼梯下。

❸ 餐厅设在原洗衣间处，方便使用并充分利用空间。

❹ 隔出棋牌室。

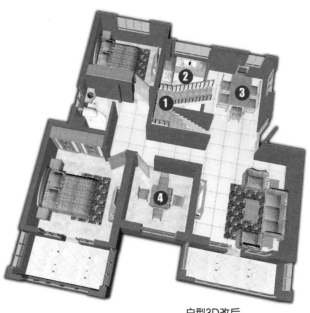

户型3D改后

楼梯

北京鲁能7号院

C7户型上层

位于北京市顺义区马坡镇顺恒大街东段北侧。三室二厅二卫，建筑面积173.68平方米，为跃层。上层为退台处理的一室一卫加挑空，但挑空部分与上层隔绝，缺少呼应。

楼梯布局："U"楼梯顺时针下行，但被封闭在矩形空间内，缺少与周边的联系，比较死板。

改造重点：楼梯偏转90度并改成逆时针下行，打开右墙，增加楼板，设置家庭厅。

另外：主卫调整洁具，增加洁身器；左移露台门，设置衣帽间。

优化调整后，增加了家庭厅和衣帽间，上下层的交流变得活跃。

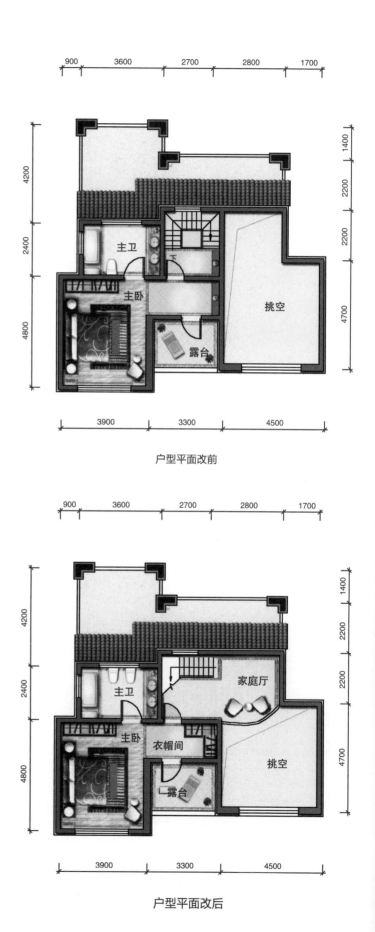

户型平面改前

户型平面改后

交通空间篇

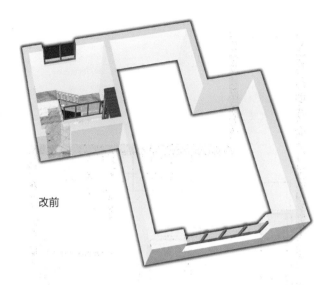

40

改前

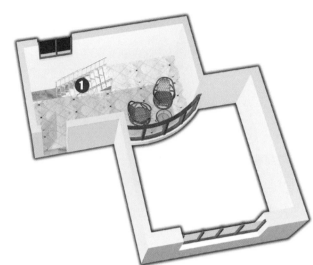

改后

楼
梯

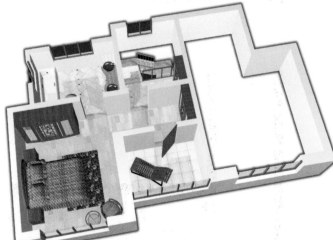

户型3D改前

❶ 楼梯改成逆时针下行，打开右墙，增加楼板，设置家庭厅。

❷ 主卫调整洁具，增加洁身器。

❸ 左移露台门，设置衣帽间。

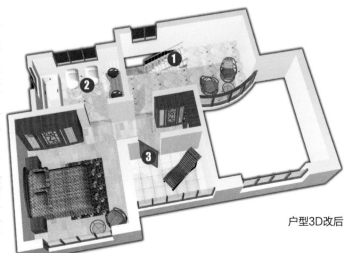

户型3D改后

北京尚城
E户型下层

位于北京市昌平区回龙观北3公里。LOFT户型，建筑面积48平方米，隔出两层后建筑面积达96平方米，设计为一室一厅二卫。下层为动区，因餐厅设置在中间，客厅位置比较局促。

楼梯布局：为"一跑"楼梯，因占用进深，挤压了起居空间。

改造重点：将楼梯位置右移，改成"U"形楼梯。

另外：卫生间调整洁具，增设洗衣机；扩大厨房，纳入电冰箱；扩大起居空间进深，分出餐厅和客厅。

楼梯的形式非常重要，关系到邻近的面积是否好用。

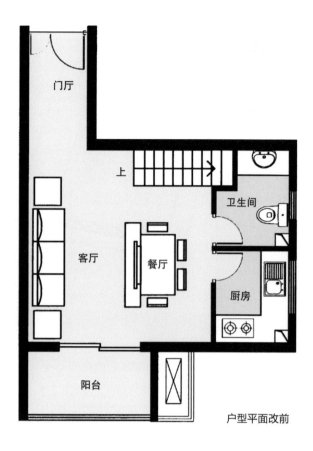

户型平面改前

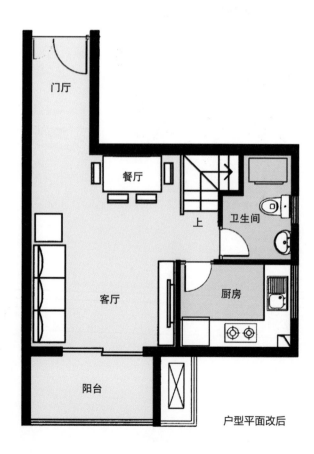

户型平面改后

改前

改后

41

1 将楼梯位置右移，改成"U"形楼梯。

2 扩大起居空间进深，分出餐厅和客厅。

3 卫生间调整洁具，增设洗衣机。

4 扩大厨房，纳入电冰箱。

楼梯

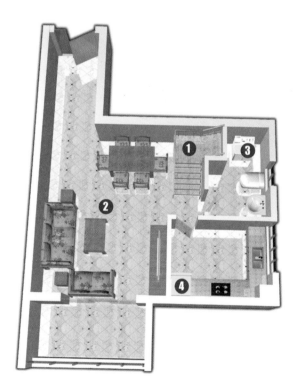

户型3D改后

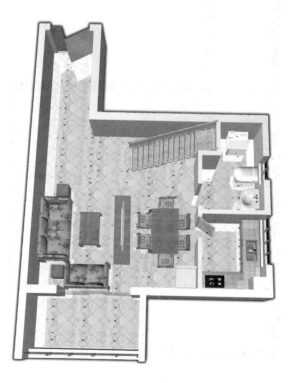

户型3D改前

北京尚城

E户型上层

位于北京市昌平区回龙观北3公里。LOFT，建筑面积48平方米，隔出两层后建筑面积达96平方米，设计为一室一厅二卫。上层为静区，左侧为卫生间和衣帽间，右侧为卧室，由于楼梯的存在，空间不私密，格局也不规整。

楼梯布局："一跑"楼梯因占用进深，使卧室呈"刀把"形。

改造重点：将楼梯位置右移，改成"U"形楼梯。

另外：卫生间下墙上移，外侧留出衣柜厚度；分出卧室和书房。

楼梯调整后，增加了一间实用的居室。

户型平面改前

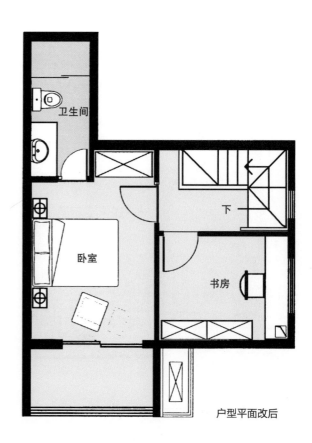

户型平面改后

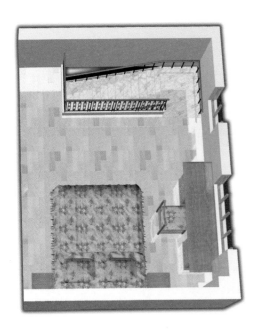

改前

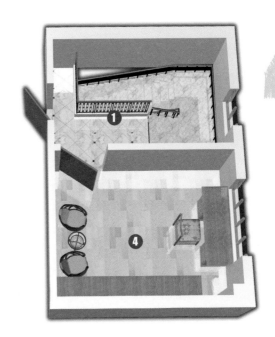

改后

❶ 将楼梯位置右移，改成"U"形楼梯。

❷ 卫生间下墙上移，外侧留出衣柜厚度。

❸ 设置衣柜，方正卧室。

❹ 隔出书房。

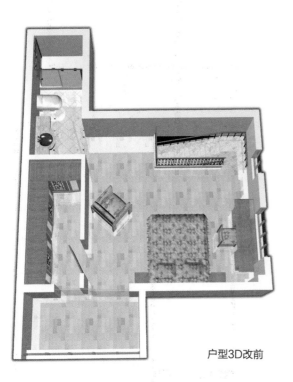

户型3D改前

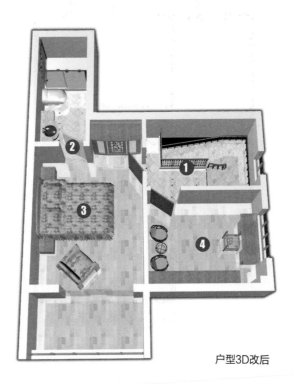

户型3D改后

北京美林香槟小镇
J2户型下层

位于北京市顺义区天竺镇丽苑街6号。四室三厅三卫，建筑面积287.89平方米，为上叠三、四层。上下层采用重叠式结构，因进深较大，中部灰色空间稍多。双入户门设计虽然有些重复，但大型家具的搬运会方便许多。

楼梯布局：连接上下层采用"三跑"楼梯，比较大气，但邻近的楼梯厅因楼梯占用面积稍多，尺度非常尴尬，不便于放置家具。独立餐厅功能比较纯粹，私密性好，但占用了一间居室，并且无法借用公共空间的面积，有些可惜，可以考虑借用楼梯旁的楼梯厅。

改造重点：楼梯顺时针偏转 90 度，使楼梯厅变宽，改为餐厅。

另外，餐厅封闭成卧室，改开厨房门。

调整楼梯的走向至关重要，可以使两个原本局促的过厅变得宽敞，成为实用的居室。

交通空间篇

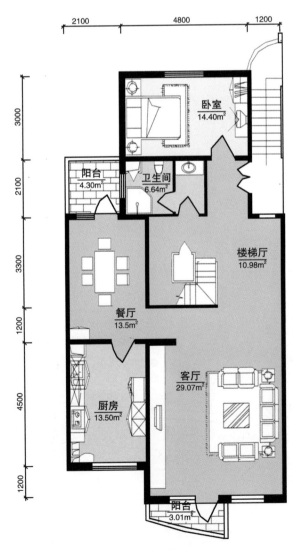

户型平面改前

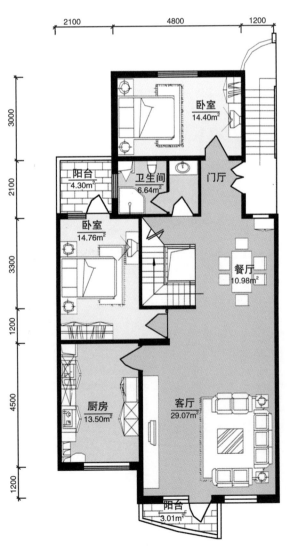

户型平面改后

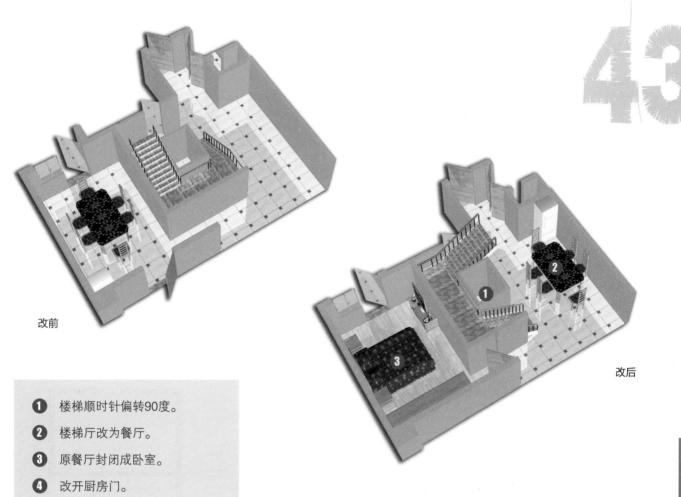

改前

改后

❶ 楼梯顺时针偏转90度。

❷ 楼梯厅改为餐厅。

❸ 原餐厅封闭成卧室。

❹ 改开厨房门。

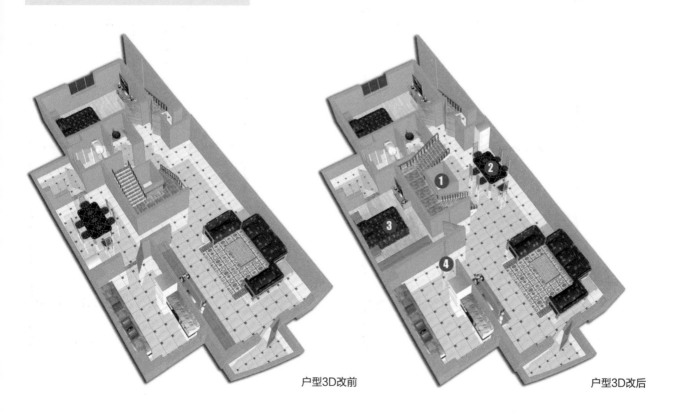

户型3D改前

户型3D改后

43

楼梯

44

北京美林香槟小镇
J2户型上层

位于北京市顺义区天竺镇丽苑街6号。四室三厅三卫，建筑面积287.89平方米，为上叠三、四层。上层为三间卧室，主卧门悬在偏中部，不够稳定。

楼梯布局：因楼梯走向，家庭厅有些局促。

改造重点：顺时针90度偏转楼梯，扩大家庭厅。另外，次卫改开在右侧；左移动主卧和次卧的门。调整楼梯的走向使原本局促的楼梯厅增加了90厘米，成为实用的家庭厅。

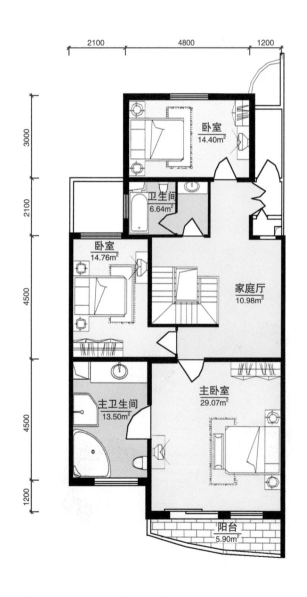

户型平面改前

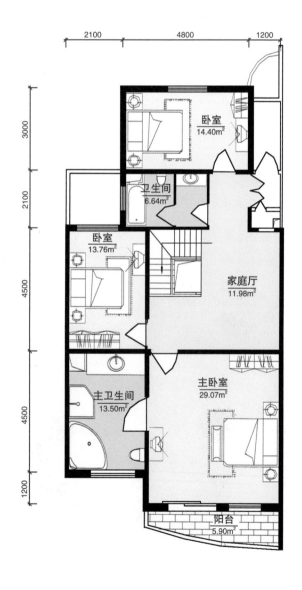

户型平面改后

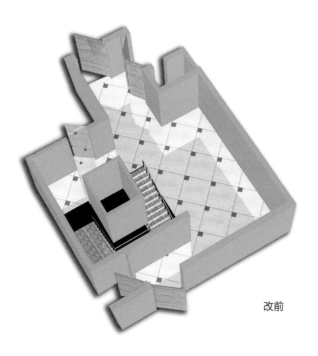

改前

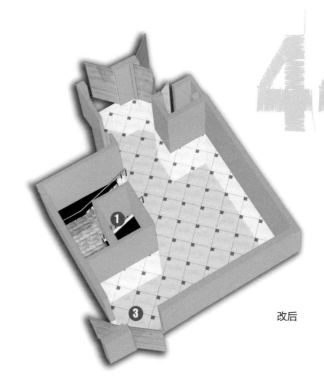

改后

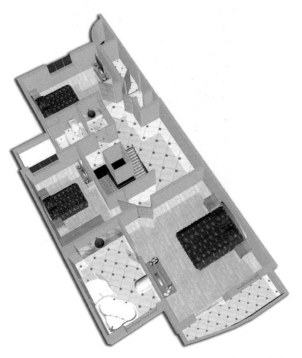

户型3D改前

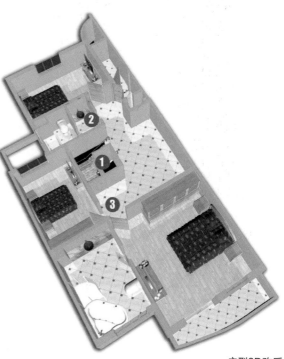

户型3D改后

❶ 顺时针90度偏转楼梯，扩大家庭厅。

❷ 次卫门改开在右侧。

❸ 左移主卧和次卧的门。

楼
梯

45 景洪梦云南·雨林澜山

D1户型一层

位于云南省西双版纳州景洪市曼弄枫度假区二期东侧。一室二厅二卫，建筑面积89.69平方米，为地上二层联排别墅的边户型。户型实际进深控制在8~10米，单开间的面宽为4.8米，整体敞亮、通透。一层为起居空间，北侧的内庭院不仅解决了卫生间的通风，也使得餐厅右侧获得了绿意空间。

楼梯布局："一跑"楼梯上下呆板，并且占用餐厅空间。

改造重点：客卫缩小，去掉淋浴间。楼梯改成"U"形，部分占用餐厅上空。

调整后，"U"形楼梯美观了许多，同时餐厅也变大。

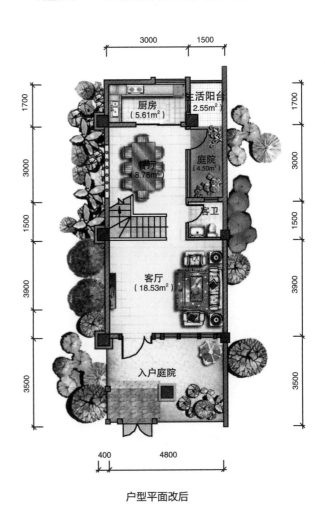

户型平面改后

厨房
（5.61m²）

生活阳台
2.55m²

餐厅
（8.78m²）

庭院
（4.50m²）

客卫
（3.70m²）

客厅
（18.53m²）

入户庭院

户型平面改前

改前

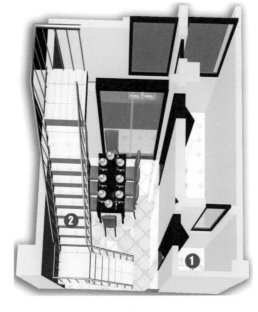

改后

❶ 客卫缩小，去掉淋浴间。

❷ 楼梯改成"U"形，部分占用餐厅上空。

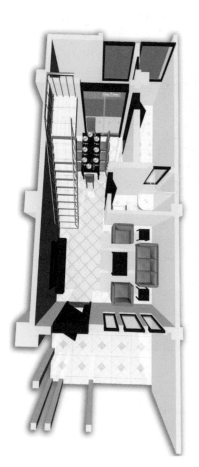

户型3D改前

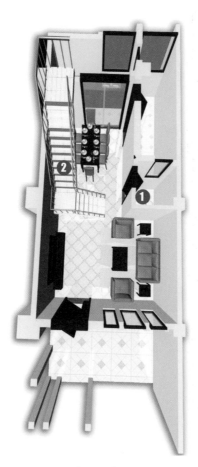

户型3D改后

46 景洪梦云南·雨林澜山

D1户型二层

位于云南省西双版纳州景洪市曼弄枫度假区二期东侧。一室二厅二卫，建筑面积89.69平方米，为地上二层联排别墅的边户型。户型实际进深控制在8～10米，单开间的面宽为4.8米，整体敞亮、通透。二层为卧室，前后露台、泡池，使得与自然的交流变得丰富。而庭院上空的处理，不仅使庭院获得了雨水和阳光，还保证了主卫的通风、采光。

楼梯布局："一跑"楼梯呆板，同时开放书房占用过道，不够安静。

改造重点：楼梯改成"U"形，隔出独立书房。

另外，主卫调整洁具。

调整后，户型变成了两居室，度假功能加强。书房改次卧共用主卫生间时，主卧里侧可以设一道门，使主卫独立。

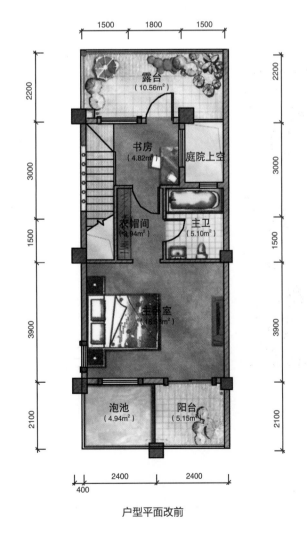

户型平面改前

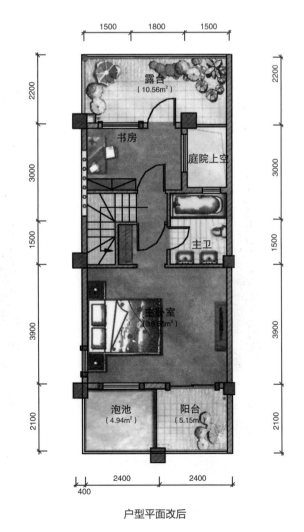

户型平面改后

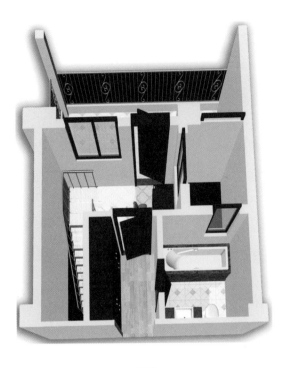

改前

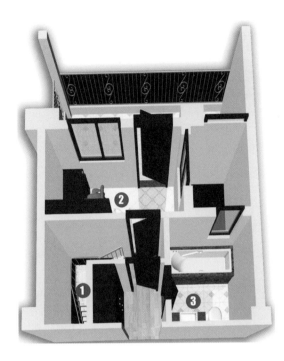

改后

46

① 楼梯改成"U"形。

② 隔出独立书房。

③ 主卫调整洁具。

楼
梯

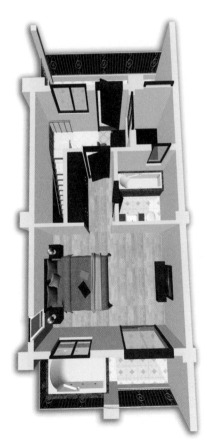

户型3D改前

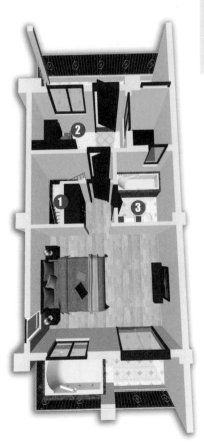

户型3D改后

47

北京荣丰2008
非常空间

J户型下层

位于北京市丰台区西二环天宁寺桥西500米。销售面积为一层的27.17平方米，4.8米高装修搭出二层后，可以增加20余平方米的卧室面积。如果隔层为0.15米，减去楼板0.2米，可以隔出2.3米的下层和2.15米的上层，但多少都会使上下空间感到压抑。

楼梯布局：楼梯设在电视墙和床尾的部位比较别扭，原本只有3.3米的开间显得更为局促，建议将楼梯往里侧移动，将餐桌安放在侧面，保证居室的开间能充分利用。

改造重点：楼梯尽可能左移靠里侧，以保证右侧起居的开间不被楼梯干扰。

另外，沙发电视的位置反向设置。

改造后，楼梯占用门厅的面积，使客厅变得宽裕。

交通空间篇

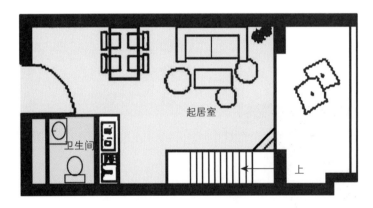

户型平面改前

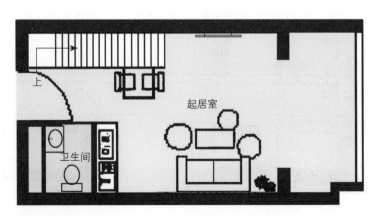

户型平面改后

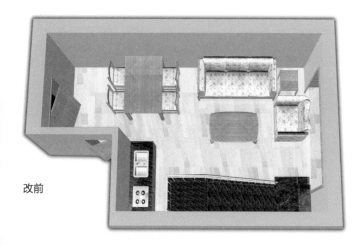

改前

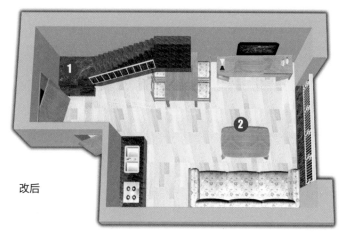

改后

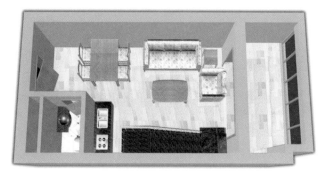

户型3D改前

❶ 楼梯尽可能移动靠左侧。

❷ 沙发电视的位置反向设置。

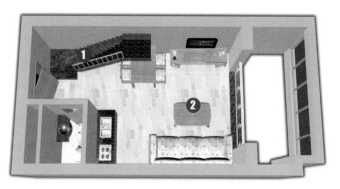

户型3D改后

48 北京荣丰2008
非常空间
J户型上层

位于北京西二环天宁寺桥西500米。销售面积为一层的27.17平方米，4.8米高装修搭出二层后，可以增加20余平方米的卧室面积。如果隔层为0.15米，减去楼板0.2米，可以隔出2.3米的下层和2.15米的上层，但多少都会使上下空间感到压抑。

楼梯分析：楼梯设在床尾的部位比较别扭，原本只有3.3米的开间显得更为局促。

改造重点：楼梯尽可能靠左侧，以保证右侧卧室的开间不被楼梯干扰。

另外，卫生间门移到右侧，洗手台和坐便都偏转90度，增加外侧衣柜；阳台部分设计成挑空，缩短进深，增加高度，并结合上层的玻璃扶栏，在小空间中营造出时尚居室的感觉。

这样的改造使空间分布更为合理，并且挑空的设计，增加了跃层的感觉，加强了上下空间的交流。

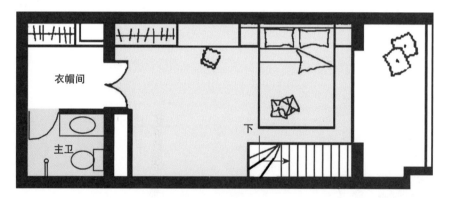

户型平面改前

户型平面改后

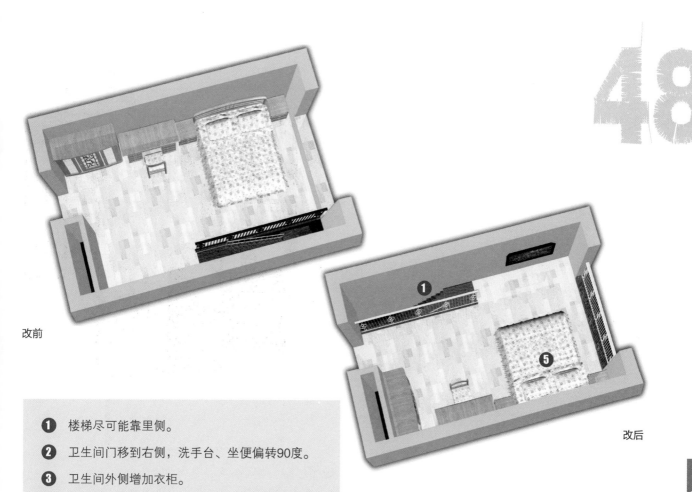

48

改前

改后

1 楼梯尽可能靠里侧。

2 卫生间门移到右侧,洗手台、坐便偏转90度。

3 卫生间外侧增加衣柜。

4 阳台部分设计成挑空,缩短进深,增加高度。

5 床反向设置。

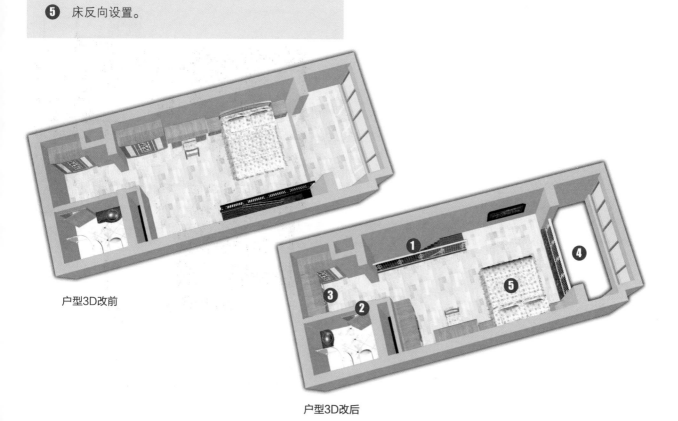

户型3D改前

户型3D改后

北京紫御华府

E1户型上层

位于北京市朝阳区安立路奥林匹克公园北侧。六室四厅八卫一工人间，建筑面积626.75平方米，为跃层。上层为标准四居室结构，存在问题是：家庭厅设置小挑空，过于局促，无法与下层客厅充分交流；主卫窗户过小，并且不独立；主卧无独立衣帽间；中厨开间局促；客卫洗手台暴露。

楼梯布局： 客厅与餐厅中间设置弧形挑空楼梯，但占用空间偏大，并且弧度过小，未能充分展现楼梯之美。

改造重点： 将楼梯偏转方向，缩小挑空。

另外：加大客厅挑空，增加气势，便于悬挂大吊灯；主卫调整洁具，增加直接进入主卧的门，保持私密性；调整次主卧卫生间位置；主卧增加衣帽间；调整中厨至外走廊；扩大客卫。

优化调整后，楼梯避免挤压家庭厅，并且曲线更加优美，同时各空间配置完善，私密性强化。

交通空间篇

户型平面改前

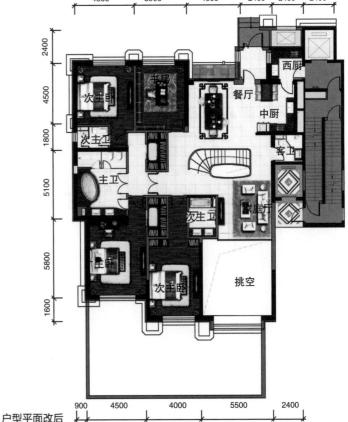

户型平面改后

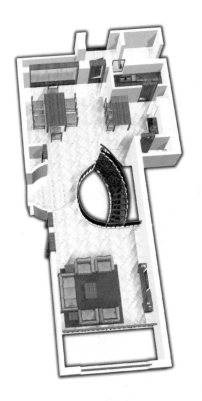

改前

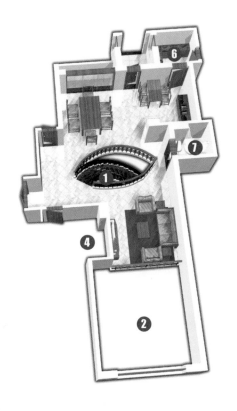

改后

楼梯

❶ 楼梯偏转方向，缩小挑空。

❷ 加大客厅挑空，增加气势，便于悬挂大吊灯。

❸ 主卫调整洁具，增加直接进入主卧的门，保持私密性。

❹ 调整次主卧卫生间位置。

❺ 主卧增加衣帽间。

❻ 调整中厨至外走廊。

❼ 扩大客卫。

户型3D改前

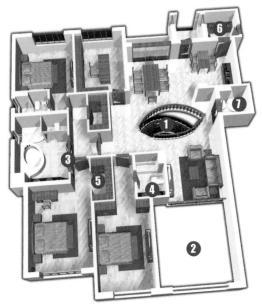

户型3D改后

50 北京紫御华府
E1户型下层

位于北京市朝阳区安立路奥林匹克公园北侧。六室四厅八卫一工人间，建筑面积626.75平方米，为跃层。下层依托下沉花园，具有景观优势，与上层为重叠式跃层，相当于两室一厅加上服务功能空间。存在问题是：次主卧缺少衣帽间；次主卫缺少洁身器；大门暴露，无影壁墙；洗浴空间不通风；工人间不通风。

楼梯布局：楼梯平直，缺乏视觉美感。

改造重点：楼梯偏转方向，自然遮挡北侧服务区域。

另外：次主卧设置衣帽间；次主卫调整洁具，增加洁身器；调整次卧卫生间；大门设置影壁墙；增加门厅衣柜；设置外侧天井，加强洗浴空间通风；扩大客卫；工卫增加窗户；工卧设置在外侧走廊部分，增加窗户。

优化调整后，增加了主卧功能空间，客厅部分与门厅、交通空间分离明确，更重要的是，北侧天井的设置，有效地加强了通风和间接采光。

交通空间篇

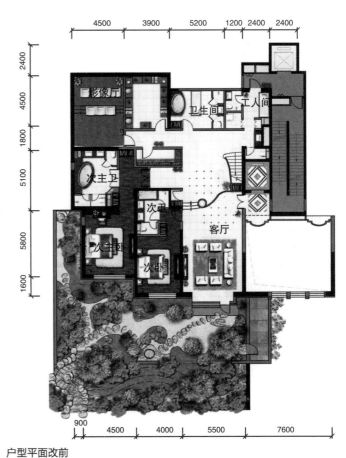

户型平面改前

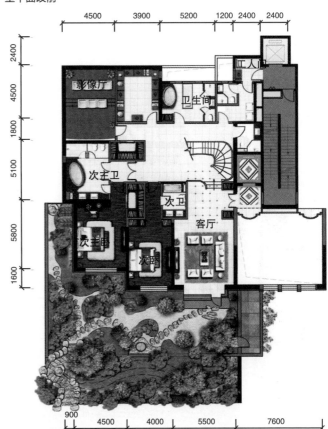

户型平面改后

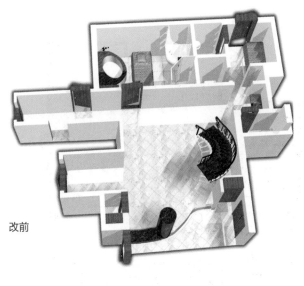

改前

50

改后

① 楼梯偏转方向，自然遮挡北侧服务区域。

② 次主卧设置衣帽间。

③ 次主卫调整洁具，增加洁身器。

④ 调整次卧卫生间。

⑤ 大门设置影壁墙。

⑥ 增加门厅衣柜。

⑦ 设置外侧天井，加强洗浴空间通风。

⑧ 扩大客卫。

⑨ 工卫增加窗户。

⑩ 工卧设置在外侧走廊部分，增加窗户。

楼梯

户型3D改前

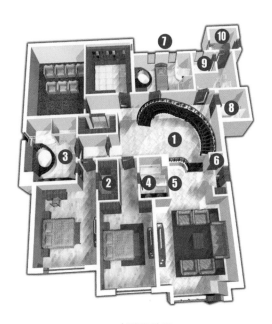

户型3D改后

北京财富公馆
卢浮宫户型地下一层

位于北京市朝阳区首都机场高速路苇沟出口北600米。四室七厅五卫一工人间，建筑面积1708.57平方米。户型采用对称布局，中部挑空，地下二层加地上二层。地下二层为设备间，采用窗井采光；地下一层为休闲区，主要由游泳池、活动室、家庭影院、健身房和工人间等服务空间组成。

楼梯布局：地下一层楼梯弧偏小，中间空间没有利用上。

改造重点：封闭左侧弧形楼梯，变成单向上楼，下面扩大成大起居室。

另外：拆除储藏间，扩大成大家庭影院；改造健身大厅旁的卫生间。

楼梯下变成起居室，充分利用空间。家庭影院的尺度加大，可以感受到外面小影院的视听效果。

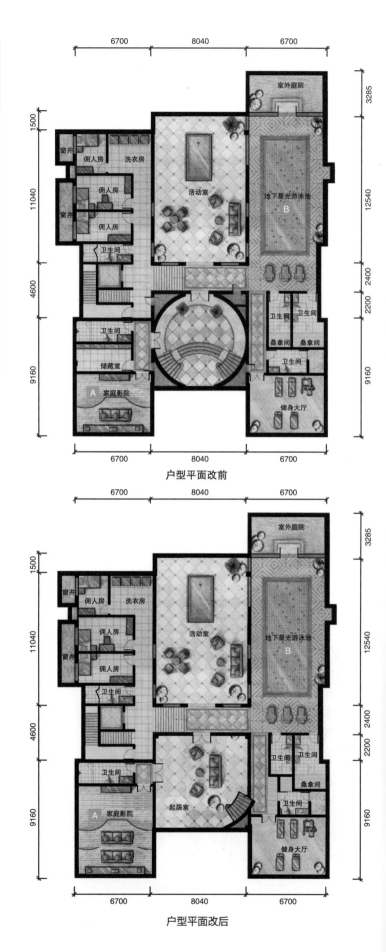

户型平面改前

户型平面改后

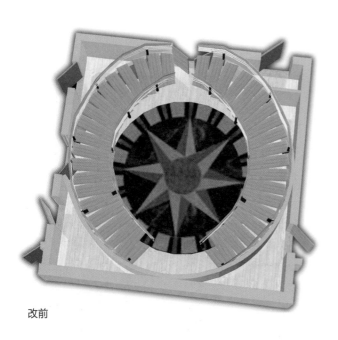

改前

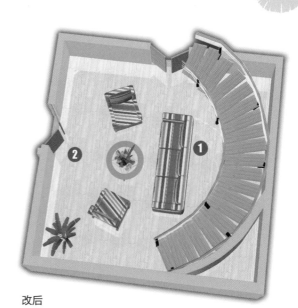

改后

51

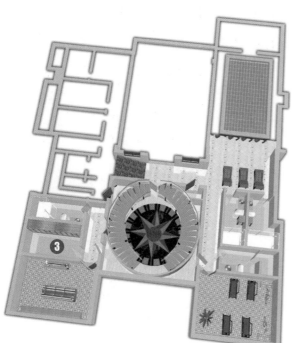

户型3D改前

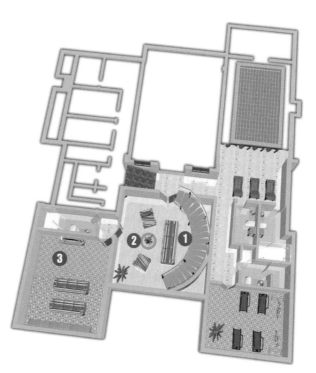

户型3D改后

❶ 弧形楼梯加大，改成单向上楼。

❷ 扩大楼梯间成起居室。

❸ 拆除储藏间，扩大成大家庭影院。

楼梯

北京财富公馆
卢浮宫户型一层

位于北京市朝阳区首都机场高速路苇沟出口北600米。四室七厅五卫一工人间，建筑面积1708.57平方米。户型采用对称布局，中部挑空，地下二层加地上二层。一层为起居区，主要由双客厅、中西双餐厅、中西双厨房和车库组成。三个厅和车库占据了户型的四角，同样采光、通风良好，中心的内庭院，缓解了灰暗的中心布局。

楼梯布局： 中心的挑空弧形大楼梯，张扬了豪宅的气度，但不足的是，圆形大厅没有得到利用，显得过于冰冷。

改造重点： 沿结构柱加大弧形大楼梯，形成舞厅。

另外：垫高半米设置小舞台；封住左入地下室的弧形楼梯，改成酒吧台；调整车库门；调整客厅门。

舞厅是家庭Party的关键场所，对于超千平方米的大别墅，这样的设置，使原本冰冷的户型灵光四射。

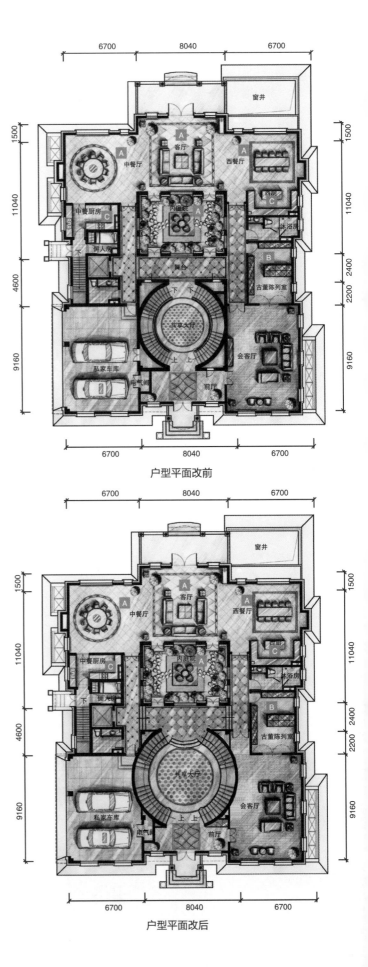

户型平面改前

户型平面改后

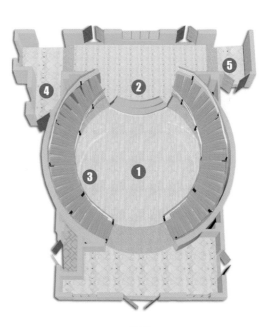

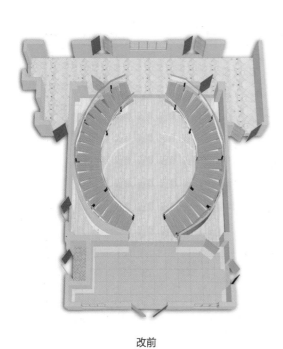

改前

改后

① 弧形楼梯加大。

② 垫高半米设置小舞台。

③ 封住左入地下室的弧形楼梯，改成酒吧台。

④ 调整车库门。

⑤ 调整客厅门。

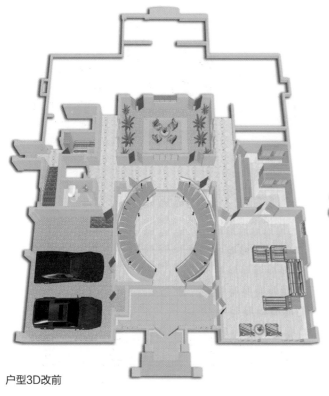

户型3D改前

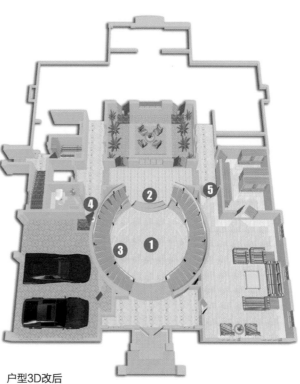

户型3D改后

楼梯

北京财富公馆
卢浮宫户型二层

位于北京市朝阳区首都机场高速路苇沟出口北600米。四室七厅五卫一工人间，建筑面积1708.57平方米。户型采用对称布局，中部挑空，地下二层加地上二层。二层为居住区，主要由三个卧室、书房和家庭起居室组成。窄窗和小阳台的设置，充分展现了法式风情。存在问题是：主卧在北面；楼道过长，冰冷的好似办公楼；主卫过大，缺少配套，而书房却没有卫生间。

楼梯布局：比较有特色的是两点：中部超大的欧洲宫殿式双弧形楼梯；挑空的内庭院。尤其是内庭院和弧形楼梯上端的采光顶设计，使进深很大的灰色空间得到了光线的补充。

改造重点：弧形楼梯沿结构柱加大；增大弧形楼梯的扶栏，便于观赏下层的舞厅；增加小看台。

另外：主卧衣帽间加大，同时在书房内增加入口；次主卧衣帽间缩小，改开入门；主卫浴缸下移，扩大衣帽间，增加一排衣柜。

大户型要注意交通动线的便捷，否则会很累。同时要加强上下层的空间交流。

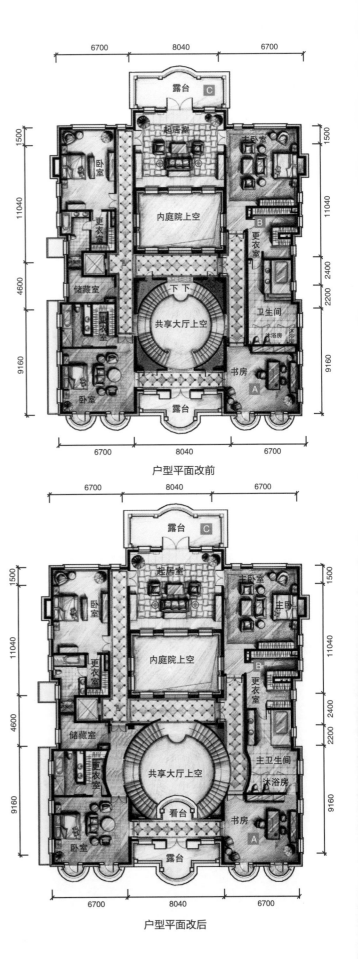

户型平面改前

户型平面改后

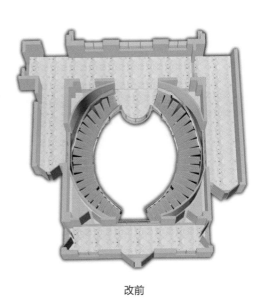

改前

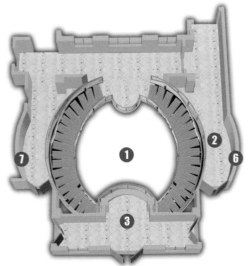

改后

1 弧形楼梯沿结构柱加大。

2 增大弧形楼梯的扶栏，便于观赏下层的舞厅。

3 增加包厢式小看台。

4 洗手台设在左墙旁。

5 增开书房进入主卫的门。

6 主卫左墙依楼梯设计成弧形。

7 次主卧衣帽间右墙设计成弧形。

8 门改开向卧室。

9 左上次主卫调整洁具，将坐便器埋进凹槽中。

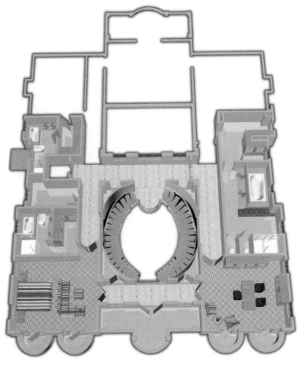

户型3D改前

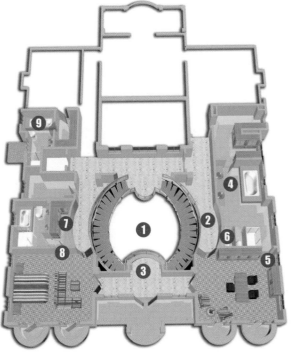

户型3D改后

楼梯

53

过道

过道是户型选择中最容易忽视的指标，这类空间的大小既关系到前期购买的总价、后期的运行费用，也影响着居住的质量。

⬥ 过道的对应性

过道是联系居室的交通空间，每一段对应着每个居室，有时是共用，有时是独享。由于设计水平的优劣，楼体形状的优劣，以及户型所处位置的优劣，过道对应的合理性差异很大，因此除了感性的判别外，一个简单的办法，将两个以上的选择户型画出生活动线，过道相对短些的对应的合理性就高些。

⬥ 过道的舒适性

除了从人体工程学、家居生活、建筑规范等基本规律出发，决定过道的大小、长短和位置外，还应考虑舒适性。过道虽然只是连接各居室的交通通道，但每天都要从中往返，与居室的结合影响着家具的进出，与户外的直接或间接采光影响着空气和光线，与楼梯的对接影响着交通的转换，等等。

54

日照兴业春天
H户型

位于山东省日照市临沂路与大连路交会处。三室二厅一卫，建筑面积110平方米。户型为板塔楼的边单元，三面采光，各空间格局方正，比例适宜。

过道布局：居室南北纵向排列，餐厅和客厅平行采光面设置，虽然明亮，但造成了中部交通过道过长。

改造重点：设计时，将过道消化在起居室中。厨房上调至客厅上端，门开向门厅；原厨房改成餐厅；小次卧门上移，调整家具；主卧门上移至过道，避免悬空开启。

调整设计后，客厅和餐厅的分离利用了过道，非常自然，同时门厅的设置避免了"开门见厅"。

户型平面改前

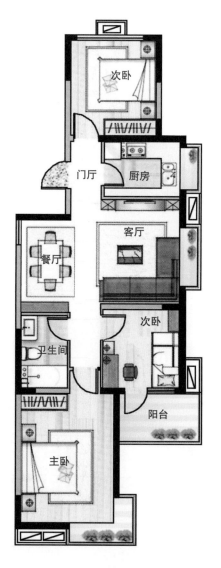

户型平面改后

交通空间篇

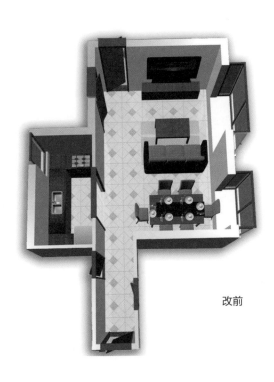

改前

改后

① 厨房上调至客厅上端，门开向门厅。

② 原厨房改成餐厅。

③ 小次卧门上移，调整家具。

④ 主卧门上移至过道，避免悬空开启。

过道

户型3D改前

户型3D改后

北京富力丹麦小镇

G3户型二层

位于北京市大兴区京开高速路庞各庄出口西1000米。五室二厅三卫，建筑面积181.26平方米，为叠拼别墅的下叠。户型虽然面积不大，但空间紧凑，居室较多。一层配备前后花园，二层拥有前后露台，使户内外交流较丰富。

过道布局： 过道比较宽裕，可以消化一些；次卧稍小一些，可以扩大借用过道和楼梯面积；主卧偏长，呈"刀把"形，可以考虑缩小交通部分，并设置步入式衣帽间，规矩空间。

改造重点： 主卧的折角墙上移至楼梯挑空下沿；上移次卧上墙至楼梯挑空下沿。

另外，主卧增加步入式衣帽间。

封闭了部分楼梯，下楼到墙边层高达2.1米以上，不会碰头，但南侧两个卧室却增加了面积。

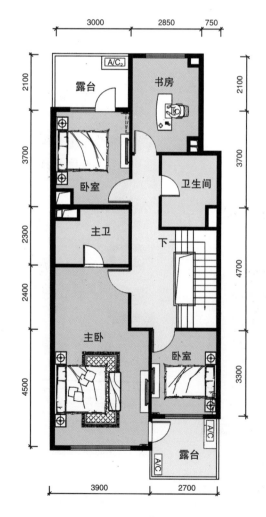

户型平面改前

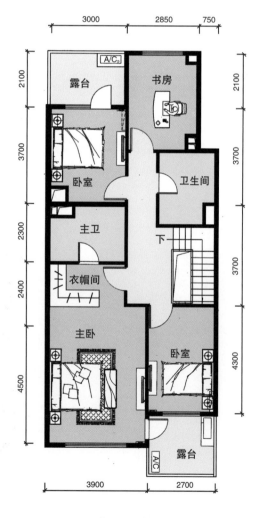

户型平面改后

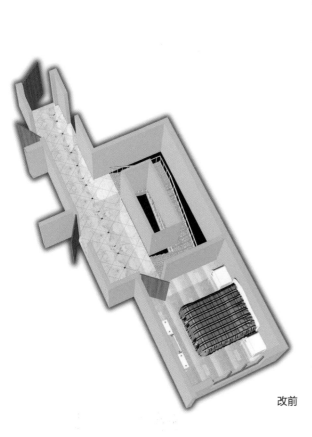

55

改前

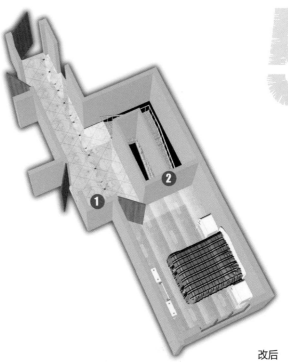

改后

① 主卧的折角墙上移至楼梯挑空下沿。

② 上移次卧上墙至楼梯挑空下沿。

③ 主卧增加步入式衣帽间。

过道

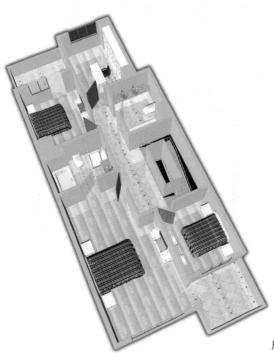

户型3D改前

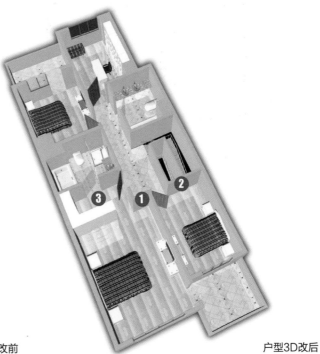

户型3D改后

北京保利垄上
B1户型二层

位于北京市昌平区小汤山镇。四室二厅四卫，建筑面积329.88平方米，为叠拼别墅的下叠。此户型为边户型，三面采光，与外界联系比较充分。虽然一层有花园，但除窗户外，一层的阳台没能通向花园、二层只有北侧有个小露台，略微有些遗憾。

过道布局：过道比较规矩，但除次卧外，其他空间比例都不够和谐：书房呈现"刀把"形，加上入门在侧面，利用率很低；主卧进深小于面宽，比例失谐。

改造重点：缩小过道，将书房取方，改开门朝下；将卫生间下侧的楼板封上一段，因为步行到此已有高度不会碰头；改开卫生间门，对调洗手盆和淋浴间。

居室越小越应该方正，否则利用率会大大降低。因此，要善于利用公共过道和楼梯调节交通动线。

户型平面改前

户型平面改后

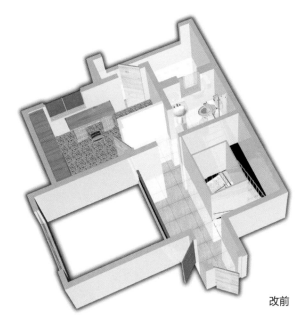

56

改前

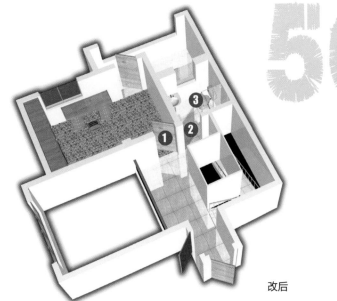

改后

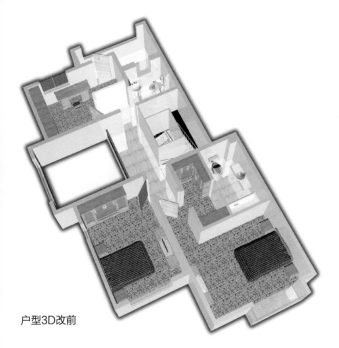

户型3D改前

① 书房取方，改开门朝下。

② 卫生间下侧的楼板封上一段，因为步行到此已有高度不会碰头，改开门朝下。

③ 卫生间对调洗手盆和淋浴间。

过道

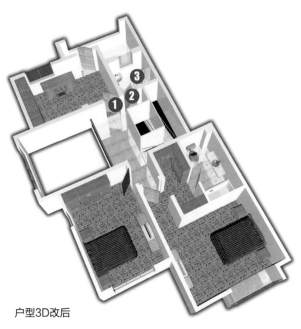

户型3D改后

57 长春天富北苑
F户型

位于吉林省长春市二道区河东路以南，远达大街以西。二室二厅一卫，建筑面积98.12平方米。户型南北通透，通风采光良好。由于餐厅是明餐厅，占据了一个采光面，加以改造，就可以增加一个书房，变成三室二厅一卫。

过道布局：门厅和过道占用面积过多，由于处在交通中枢，不便放置家具等物品，浪费偏大。

改造重点：原餐厅位置隔成书房，墙和门的位置要以留够厨房门的位置为准；餐厅占用走廊，左侧墙延伸保持就餐的稳定；厨房门开在下端改成推拉门，并设计出"S"形墙，内放冰箱外放衣柜。

户型将交通中枢消化成餐厅的一部分，同时增加了一个书房，变成三室二厅一卫。

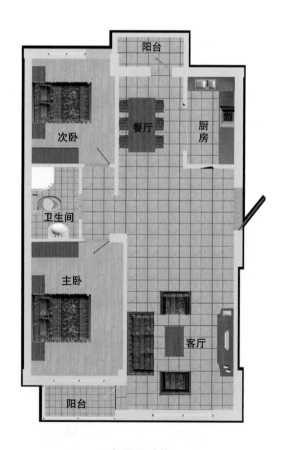

户型平面改前

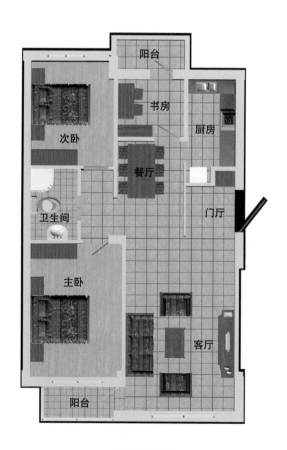

户型平面改后

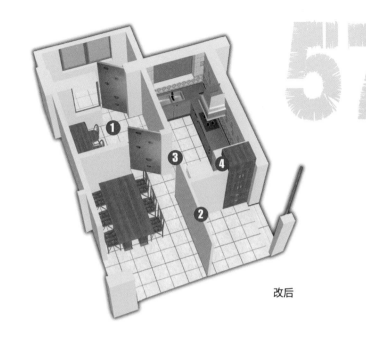

57

改后

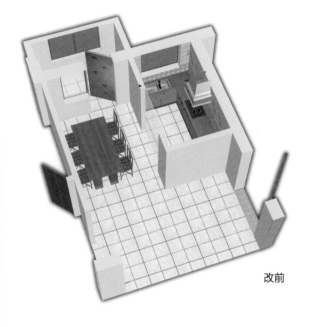

改前

① 原餐厅位置隔成书房。

② 餐厅占用过道，左侧墙延伸保持就餐的稳定。

③ 厨房门开在下端改成推拉门。

④ 设计出"S"形墙，内放电冰箱外放衣柜。

过道

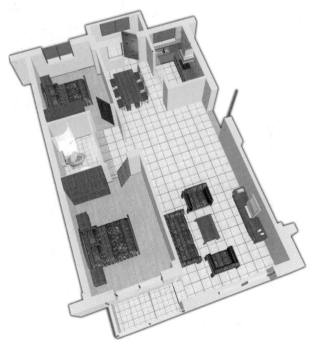

户型3D改前

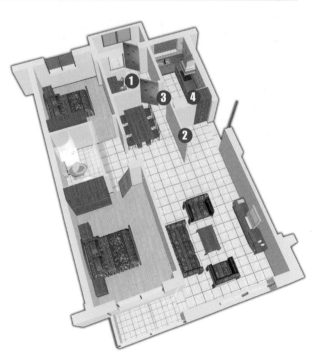

户型3D改后

58

北京远洋万和城
B5户型

位于北京市朝阳区北四环东路73号，望和桥西北角。二室二厅一卫，建筑面积80.50平方米。该户型处于板塔楼的塔楼部位，全南朝向，各居室格局方正，面积配比合理，尤其是主卧室和起居室，光线充沛。

过道布局： 餐桌旁的折角墙，虽然解决了洗衣机和储藏间的位置，但次卧外过道狭窄，交通流线拐角较死，并且餐厅开间稍显局促。

改造重点： 去掉储藏间和洗衣间，左移次卧墙和门，使之恰好放置衣柜，柜面与上墙面取齐；卫生间上墙向左延长至主卧左墙，放置洗手台，并将下墙上移40厘米，变成干湿分离；门厅右侧设计衣柜。

通过调整达到了几个目的：一是次卧开间加大了60厘米，并且衣柜埋进墙面，整齐划一；二是主卧进深加大了40厘米，便于打开衣柜门；三是卫生间干湿分离，比将洗手盆放在坐便器对面要好用，并且实际使用面积也加大了；四是餐厅也向左移了一点，加大开间的同时也避免"开门见餐"。

户型平面改前

户型平面改后

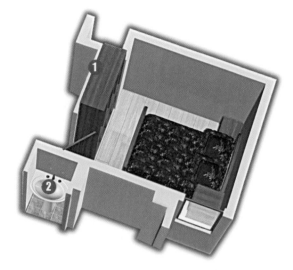

改后

改前

① 去掉储藏间和洗衣间，左移次卧左墙，使之恰好放置衣柜，柜面与上墙面取齐。

② 卫生间上墙延长至主卧左墙，放置洗手台，变成干湿分离。

③ 下墙上移40厘米，扩大主卧进深。

过道

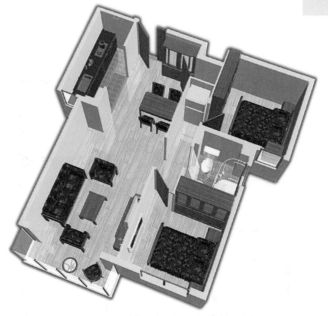

户型3D改前

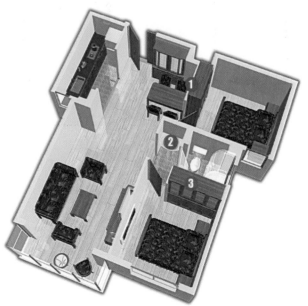

户型3D改后

北京海棠公社

H户型四层

位于北京市朝阳区东五环与京沈高速路交汇处的五方桥东北角。三室三厅三卫，建筑面积230平方米，为叠拼别墅三、四层的上叠。每户独立出入，上叠由于外引楼梯，比下叠要多出几平方米的公摊。户型中三层相当于标准的三居室，三南三北格局，四层只有主卧和主卫，另外是四个挑空，改造余地很大。

过道布局：四层只设置了主卧和主卫，其余部分均为挑空，造成了出入主卧要经过狭长的过道，很不舒服。因为挑空隔墙是非承重墙，可以考虑打开重新布局。

改造重点：餐厅上空封上楼板，设置成书房，并将楼道的通风窗纳入，避免成为黑空间；厨房上空封上楼板，打开隔墙，设置家庭起居室；书房上空封上楼板，改成卧室；延长客厅上空部分楼板，保持楼上过道的宽度。

虽然楼上部分为坡顶，但改造后视觉感和实用性都得到了改善。保留的客厅挑空，仍具有一定的气势。

户型平面改前

户型平面改后

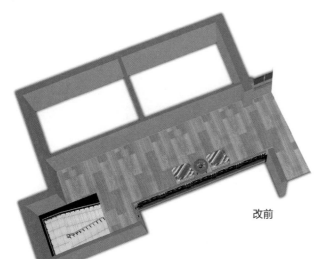

59

改前

改后

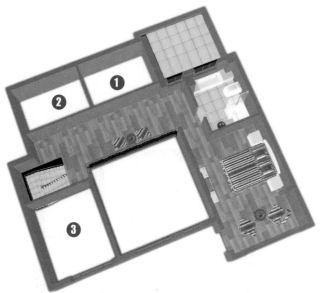

户型3D改前

① 餐厅上空封上楼板，设置成书房，并将楼道的通风窗纳入，避免成为黑空间。

② 厨房上空封上楼板，打开隔墙，设置家庭起居室。

③ 书房上空封上楼板，改成卧室。

④ 延长客厅上空部分楼板，保持楼上过道的宽度。

户型3D改后

60

北京合生·世界村
B3户型上层

位于北京市大兴区亦庄中关村科技园区马驹桥1号桥南500米。二室二厅二卫，建筑面积71.69平方米。户型格局方正，两个开间的设置，使采光比较充分。两个卧室的阳光室，视角丰富，饶有趣味。

过道布局：餐厅和门厅上方设计了挑空，不但使楼梯充满了美感，而且也使户型里侧原本多数处理成储藏间的位置得到了时尚的运用。

改造重点：将上层楼板封闭一段，缩小挑空面积；主卧上墙下移，消除"刀把"形格局，扩大门外面积，变成家庭起居厅。

另外，次卧门与主卧门平行开启，门旁设置储藏间，并对调床的方向。

两个卧室的阳光室和入门的"刀把"形格局，使得卧室内狭长而怪异，卧室外扭曲而零碎。改造成规矩空间后，利用过道增加了实用的家庭起居厅。

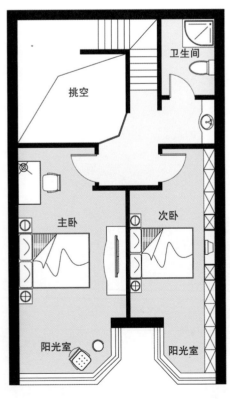

户型平面改前

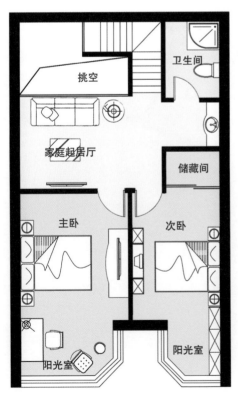

户型平面改后

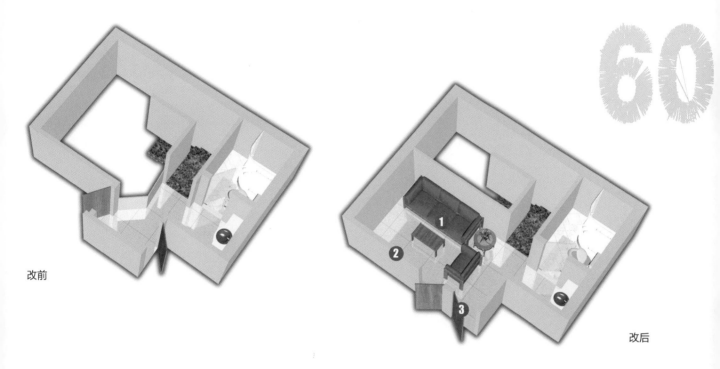

改前

改后

① 上层楼板封闭一段，缩小挑空面积，变成家庭起居厅。

② 主卧上墙下移，消除"刀把"形格局。

③ 次卧门与主卧门平行开启，门旁设置储藏间，并对调床的方向。

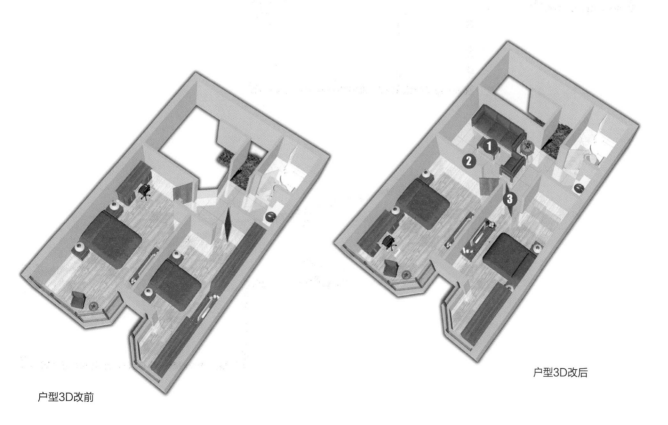

户型3D改后

户型3D改前

北京·印象

X203户型

位于北京市西四环定慧寺桥东北。一室一卫一厨，建筑面积29.25平方米，使用率77.24%。户型是为了追求楼体外观而挤出的套型，为两个梯形对接而成，各功能空间在其中分割。卧室部分一个门连窗，可以直接探出头去欣赏景观，充当阳台的功能。从均好性上讲，厨卫面积比例稍大，加上使用率偏低，卧室显得有些局促，无法放置沙发。

过道布局：厨房和门厅为一个梯形，卫生间和卧室为另一个梯形，过道主要集中在户型中部。

改造重点：厨房设置一斜台，放置小电器；在门厅和卫生间入门处打造两个斜衣柜，缓解斜墙带来的心理压力。

另外：厨房洗涤槽移至窗户处，原位置放置电冰箱；床向里侧移动，去掉衣柜，在窗户处增加小书桌，解决学习和就餐的空间。

在斜过道中打造斜柜，消化异形，规矩空间，并且适时增加了一些小家具，方便生活。

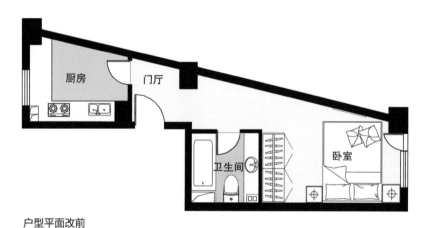

户型平面改前

户型平面改后

交通空间篇

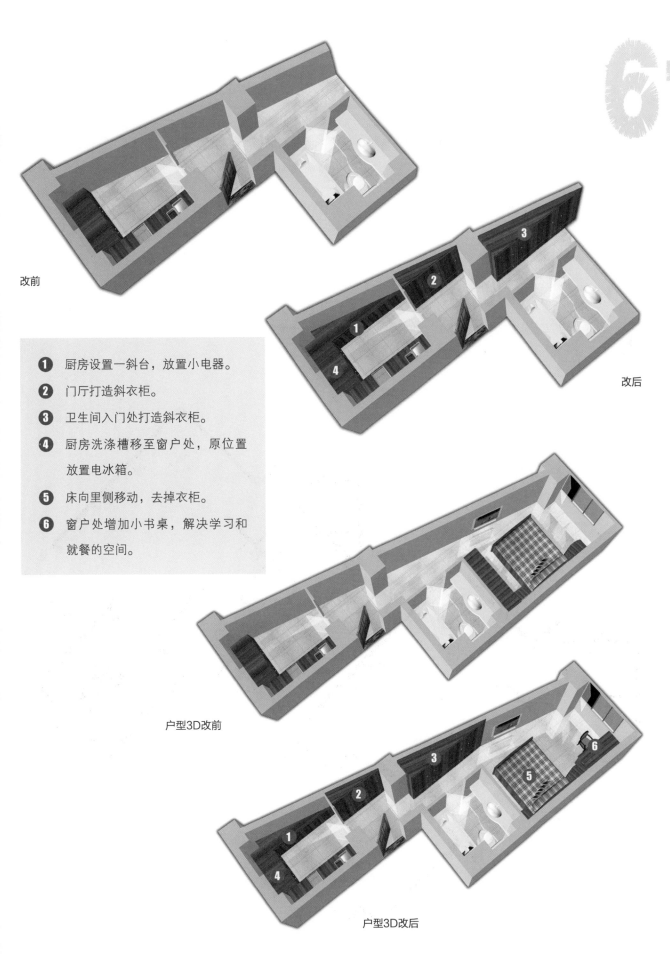

61

改前

改后

1 厨房设置一斜台，放置小电器。

2 门厅打造斜衣柜。

3 卫生间入门处打造斜衣柜。

4 厨房洗涤槽移至窗户处，原位置放置电冰箱。

5 床向里侧移动，去掉衣柜。

6 窗户处增加小书桌，解决学习和就餐的空间。

过道

户型3D改前

户型3D改后

北京万科星园
B户型

位于北京市朝阳区亚运村正北2.5公里的北五环。二室二厅一卫，建筑面积106.00平方米，处于蝶形塔楼的东南和西南。整个户型面积配比得不错，开间尺度也把握得合理。像夹角墙稳定了餐厅，双平行线稳定了客厅，主卧的飘窗、次卧的角窗、客厅的落地角窗有效地延展了视觉空间，门厅部分解决了厨房和衣帽间出入的同时，也形成了影壁墙等，这些细致的设计，使户型的舒适度大大提高。

过道布局：进入两个卧室和卫生间的狭长过道占用的面积过大，影响了户型的实用率。

改造重点：客厅和过道之间的墙拆掉，次卧的门改在侧面，使电视墙完整、连贯；卫生间改成里外间，干湿分离，目的是使次卧的门朝向卫生间洗手台；拆掉影壁墙右侧的小折墙，或者保留30~40厘米，用于埋进工艺品柜或书柜。

这样的改造有利有弊：利是客厅扩大了不少，看起来非常大气；弊是出入主卧要经过电视墙，会有动静干扰。

门厅 1.88m²
更衣 2.69m²
餐厅
起居室
厨房 8.16m²
卫生间 3.06m²
客厅
次卧室 8.38m²
主卧室 15.21m²

户型平面改后

门厅 1.88m²
更衣 2.69m²
餐厅
起居室 33.34m²
过道 2.97m²
厨房 8.16m²
卫生间 3.06m²
过道 2.60m²
客厅
次卧室 8.38m²
主卧室 15.21m²

户型平面改前

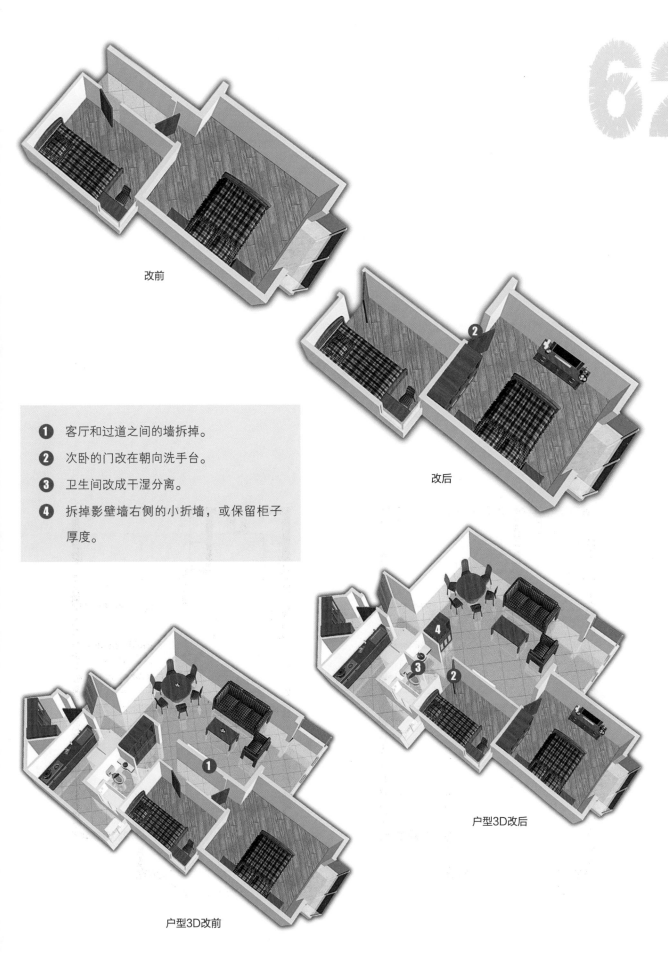

改前

改后

① 客厅和过道之间的墙拆掉。

② 次卧的门改在朝向洗手台。

③ 卫生间改成干湿分离。

④ 拆掉影壁墙右侧的小折墙，或保留柜子厚度。

户型3D改后

户型3D改前

过道

63 台湾台中五期重点规划区

G户型夹层

位于台湾台中市五期重点规划区内。四室二厅三卫一车库，使用面积238平方米，为地上三层加夹层的联排别墅。上下层为重叠式结构，三层做了局部退台处理。由于处于边单元，三面采光，加上进深短、面宽大，整体通透、明亮。夹层设在车库上端，客厅获得了一层半的挑空，恰到好处。

过道布局：夹层为休闲区和餐厨，由于厨房动线影响，过道面积较大，挤压了休闲区和卫生间。

改造重点：改夹层为客卧，并加大卫生间。

休闲区增加隔墙和门，变为客卧，恰巧临近卫生间，使用便捷。加大卫生间。

低层保留客卧会方便许多，对于老人和客人都很重要。

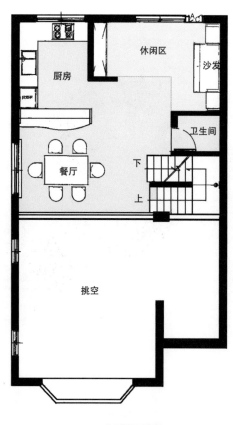

户型平面改前

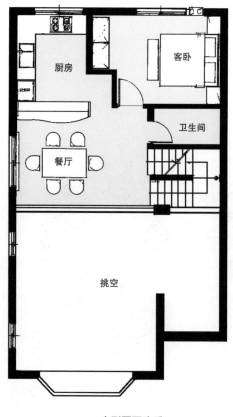

户型平面改后

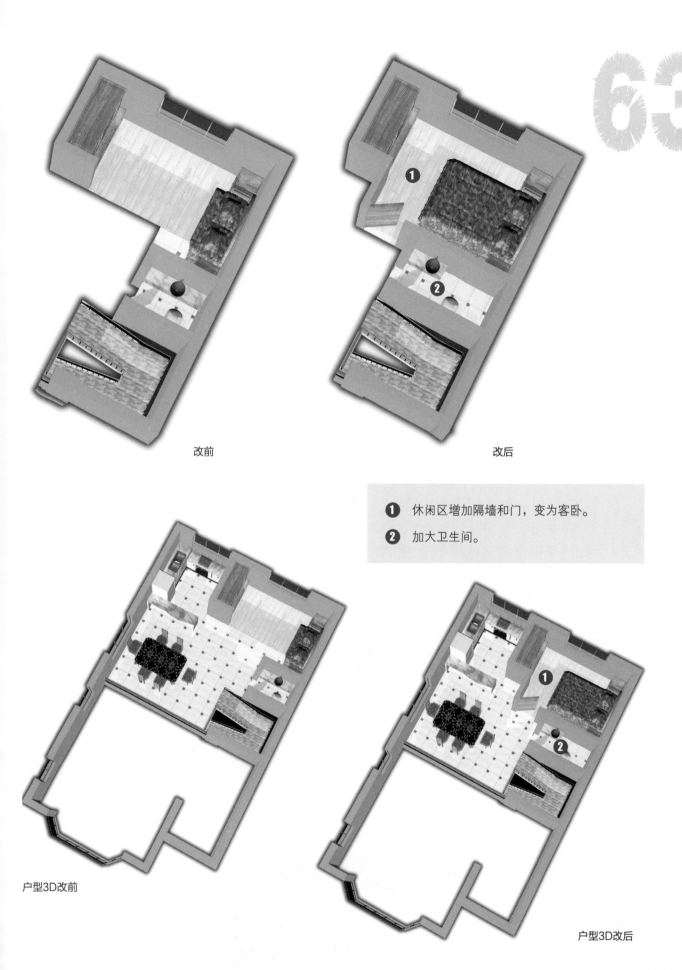

改前

改后

① 休闲区增加隔墙和门，变为客卧。

② 加大卫生间。

过道

户型3D改前

户型3D改后

服务空间篇

工人间

储藏间

工人间

工人间是大户型中配置的服务空间，面积小，位置差，通风、采光不足是其主要特点。

❀ 选择弹性设计

弹性设计是将原本固定的工人间变成可变的多功能室，留出改动余地，以满足购房者的不同需求。

工人间与交通空间的弹性设计。将工人间与过道、楼梯等隔墙设计成可拆卸，让居住者根据需要决定是否重新分隔，以提高利用率。

工人间与相邻居室的弹性设计。将工人间与卧室、卫生间、厨房、起居室等居室隔墙设计成可拆卸的，让居住者根据需要决定是否打开合并空间，提高居住的舒适度。

❀ 确定功能配置

购房者选择和改造工人间时，尽量注重前瞻性，使户型不至于很快过时，达到可持续发展的目的。居住者在特定阶段不一定雇佣保姆，工人间有时会成为儿童房甚至客房，因此小卫生间的配备会使转换功能的灵活性大大增加。当然，作为储藏间或衣帽间等物品存放空间，功能要求则简单得多。

北京万科蓝山
C户型

位于北京市朝阳区东四环窑洼湖桥西北1公里。四室二厅三卫，建筑面积240平方米。该户型采用2梯2户各自独立入户，以及主工双入户通道，获得了较高的私密性。除了次主卧设置在客厅左侧外，其余都集中在右侧，动静比较分明，干扰很小。南侧各居室的开间和进深控制得比较到位，整体比较匀称；北侧的书房开间偏大，但对于喜欢大书房的人来说，也是一种选择。

工人间布局：虽然大户型拥有工人通道，但未设计工人间，有失偏颇，可以考虑改造洗衣间。

改造重点：拆掉洗衣间，改成工人间。

另外：对调次卫和衣帽间位置，下墙下移，与次主卧对齐结构墙；次卫上侧设置洗衣间；主卧步入式衣帽间去掉，扩大面积，保留一排衣柜；书房右墙取直，衣帽间去掉。

调整后，增加了实用的工人间，并且结构整齐，面积均衡。

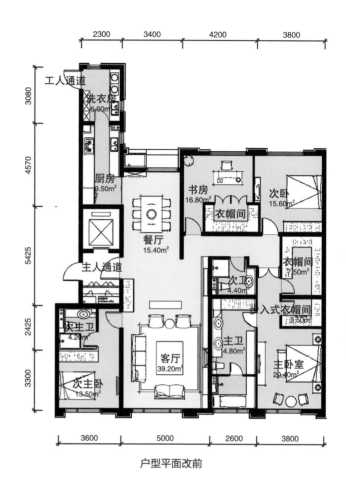

户型平面改前

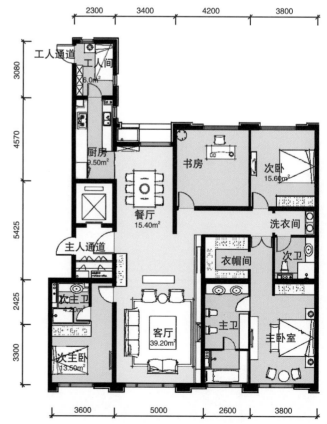

户型平面改后

服务空间篇

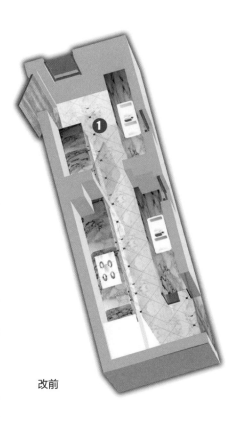

改前

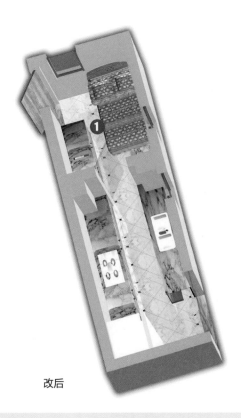

改后

64

❶ 拆掉洗衣间，改成工人间。

❷ 次卫调整到原衣帽间位置，扩大面积。

❸ 次卫上侧设置洗衣间。

❹ 衣帽间调整到原次卫位置。

❺ 主卧中的步入式衣帽间去掉，扩大主卧，保留一排衣柜。

❻ 书房右墙取直，衣帽间去掉。

工人间

户型3D改前

户型3D改后

65 北京鲁园·上河村
B户型

位于北京市海淀区远大路。三室二厅三卫，建筑面积164.74平方米。该户型处于西侧，虽然三面采光，但因进深稍大，同时侧面只有一个窄窗，户内灰色空间较多。另外，受结构墙的限制，改动极为有限。门厅旁设置了储藏间，消化了中部空置面积的同时，也增加了交通动线，喜欢畅快的业主，可以考虑将其拆除，使起居室的餐厅、门厅和客厅一气呵成。

工人间布局：户型未设置工人间。储藏间若改工人间，过于憋气，可以考虑利用次卧上端的侧窗，隔出通透的工人间。

改造重点：借助次卧西侧的采光窗，隔出工人间，尺度以放下标准单人床并能开门为宜。

另外：将主卫下墙下移至主卧门边，避免门后空置，同时达到扩大主卫的洗手台的目的；南侧次卧落地窗户外有个带扶栏的小平台，可以考虑将落地窗改成平开门，形成"一步阳台"。

借助采光窗户和平台等设施，隔出房间或改成阳台，使户型功能变得更丰富。

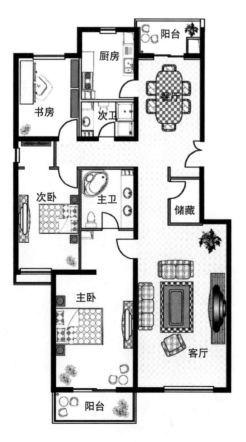

户型平面改前

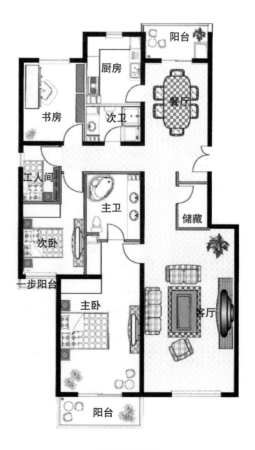

户型平面改后

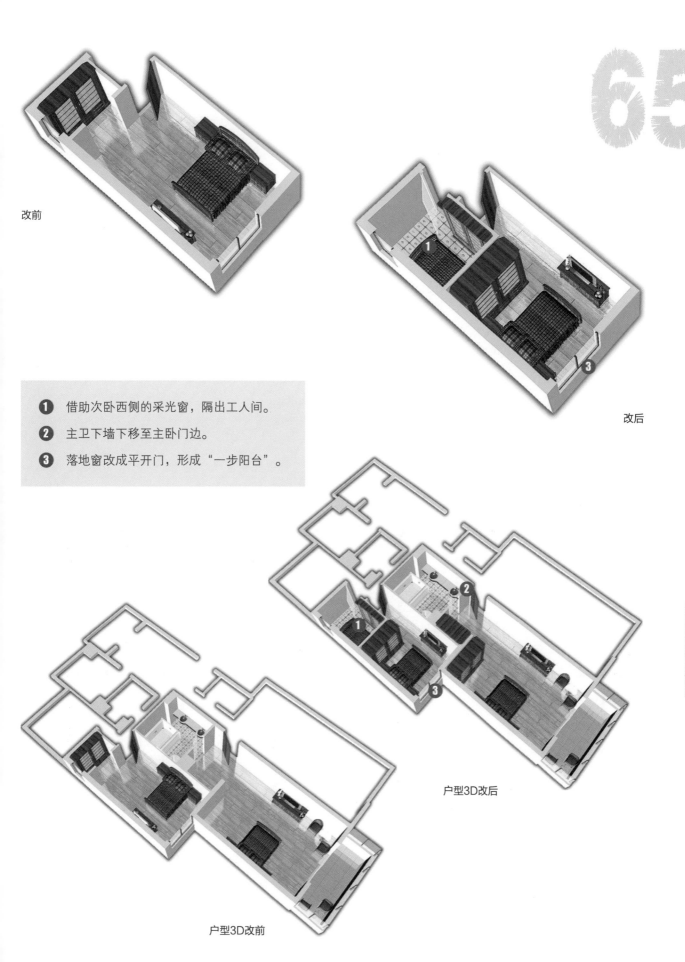

65

改前

1 借助次卧西侧的采光窗，隔出工人间。

2 主卫下墙下移至主卧门边。

3 落地窗改成平开门，形成"一步阳台"。

改后

户型3D改后

户型3D改前

66 北京鲁园·上河村
C户型

位于北京市海淀区远大路。三室二厅二卫，建筑面积178.64平方米，使用率83.83%，由于采用双贯通门电梯入户，各户独享8平方米的电梯厅和阳台，整体实用率较高。户型采用大面积落地窗、弧形窗和飘窗，充满着时尚气息。尤其是客厅的开间为4.8米，双平行线却达到了8米以上，因而获得了同类户型难以拥有的超大会客空间。

工人间布局： 完全封闭的工人间不够人性，同时里边的专属卫生间也很憋气。另外，门厅、餐厅和客厅之间的区域过于浪费。

改造重点： 将工人间左墙右移，留够厨房门，打造出一个客卫，并将洗衣机放入。

另外：开放式厨房封闭，在餐厅位置隔出一间客房；门厅设置衣柜和屏风，保持其区域的独立性，同时将右侧改成餐厅；次卧的门移至外面，纳入次卫，形成独享卫生间的次主卧，同时将洗衣间改成储藏间。

改造完后，三室二厅二卫就成了四室二厅三卫，消化了门厅、餐厅和客厅之间浪费的区域，增强了户型的功能。

服务空间篇

户型平面改前

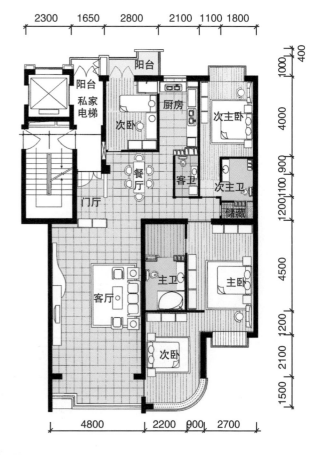

户型平面改后

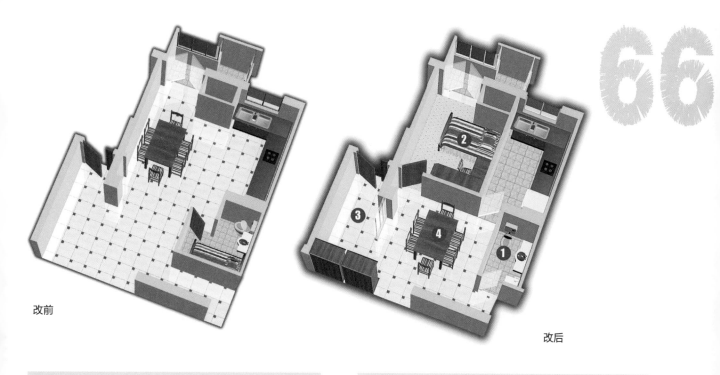

改前

改后

66

① 工人间左墙右移，留够厨房门，打造出一个客卫。

② 开放式厨房封闭，在餐厅位置隔出一间客房。

③ 门厅设置衣柜和屏风，保持其区域的独立性。

④ 门厅右侧改成餐厅。

⑤ 次卧的门移至外面，纳入次卫，形成独享卫生间的次主卧。

⑥ 洗衣间改成储藏间。

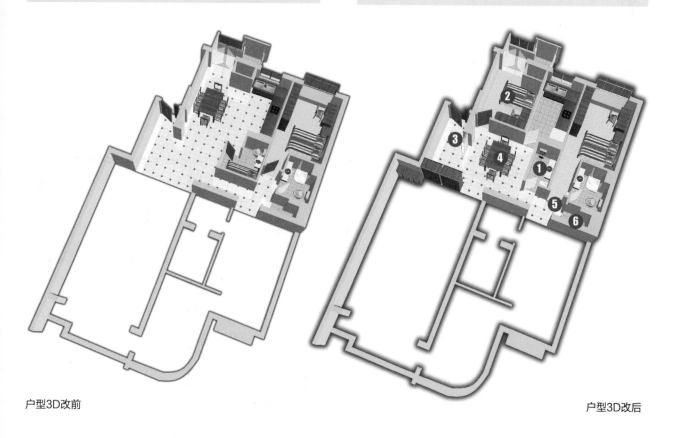

户型3D改前

户型3D改后

工人间

67 北京星城·国际
D户型

位于北京市朝阳区酒仙桥路甲10号大山子环岛东南侧。二室二厅二卫，建筑面积138.24平方米，使用率81.1%。餐厅和门厅合在一起，多少有些别扭，"开门见餐"不说，就是出入门的更衣换鞋与喝汤吃菜搅和在一起，气氛也不那么和谐。可以考虑将餐厅移到客厅中酒吧台的位置，厨房从侧面开门。

工人间布局： 借着门厅的窗户隔出工人间，即可以使大门口有个影壁墙，形成门厅，又可以在原餐厅的位置设置衣柜和会客座椅，丰富功能。

改造重点： 利用门厅和餐厅旁的窗户，隔出一个工人间，右边与客厅和门厅之间的垭口取齐，下边以留足门厅面积为宜。

另外： 将餐厅移至起居室右下角的酒吧台的位置；厨房的右墙右移50厘米左右，与客厅和门厅之间的垭口取齐，并且门的开口朝向餐厅；次卫左墙左移30厘米左右，扩大面积，宽窄以留足交通通道为宜。

改造后交通通道似乎加长，但增加了工人间，同时，也将门厅和餐厅分开，使功能变得纯粹。

户型平面改前

户型平面改后

服务空间篇

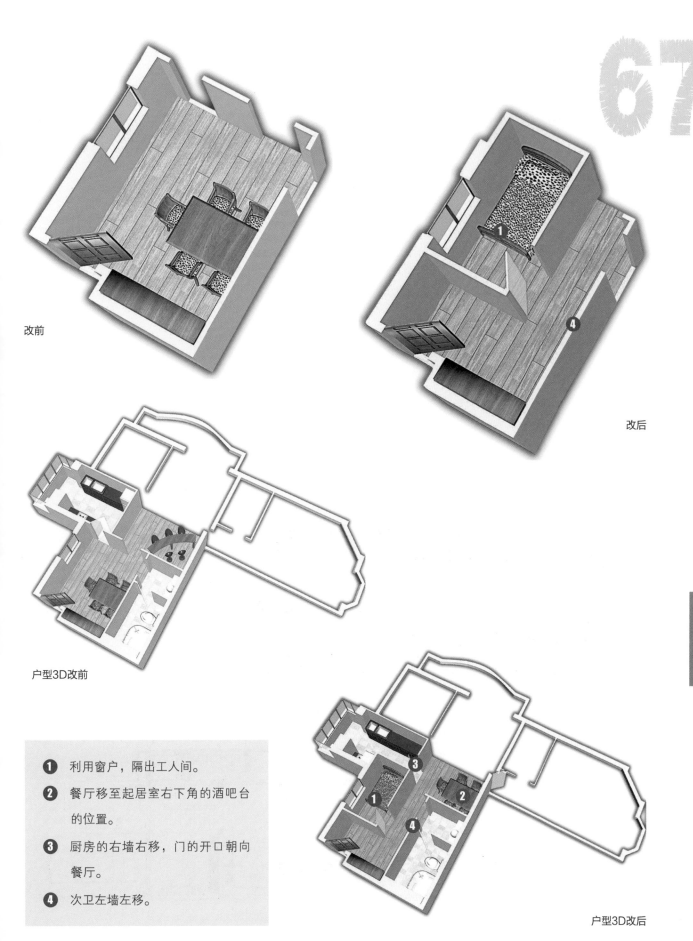

67

改前

改后

户型3D改前

① 利用窗户，隔出工人间。

② 餐厅移至起居室右下角的酒吧台
　　的位置。

③ 厨房的右墙右移，门的开口朝向
　　餐厅。

④ 次卫左墙左移。

户型3D改后

工人间

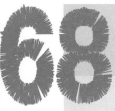

68 天津星耀五洲
K1户型一层

位于天津市津南区八里台镇天嘉湖。三室三厅三卫一工人间，建筑面积378.7平方米，为地上三层加地下室的双拼别墅。建筑风格现代简约，并采用改动方便的框架结构。由于侧面临近套型距离很近，开了些窄条窗，主要为前后两面采光。该户型进深达18.7米，但因中部有两个朝向前面的窗户，解决了部分的通风、采光，弥补了不足。除了从前后门步入花园外，中部的厨房处还开设了推拉门，使出入更为便捷。楼梯设置在后部，采用错层，一定程度上减缓了户型空间的狭长感。

工人间布局：设置在靠近门厅的错层部分，采用高于车库上端的高窗采光。外侧设计了衣帽间供门厅使用，可以将其与工人间合并成客房。

改造重点：拆除工人间和衣帽间的隔墙，扩大成客房。

另外，门厅增加衣柜和座椅。

工人间可以设置在地下层的楼梯旁，增加隔断，而在一层保留客房也是为了老人的方便。

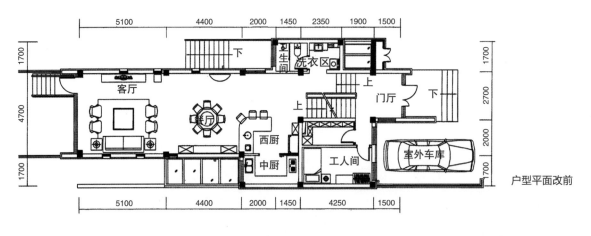

户型平面改前

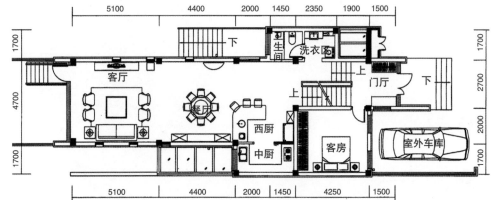

户型平面改后

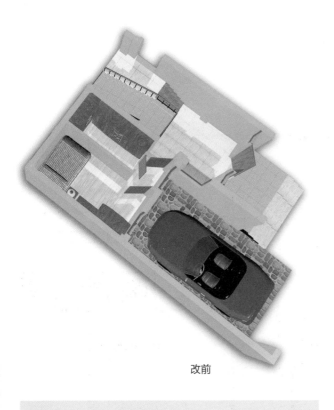

68

改前

① 拆除工人间和衣帽间的隔墙，扩大成客房。

② 门厅增加衣柜和座椅。

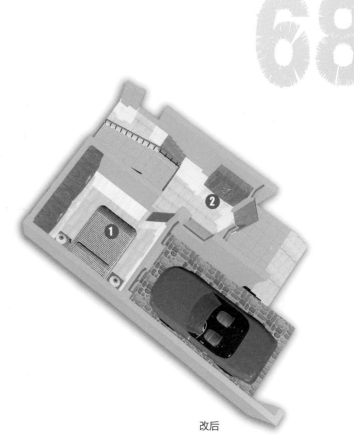

改后

工人间

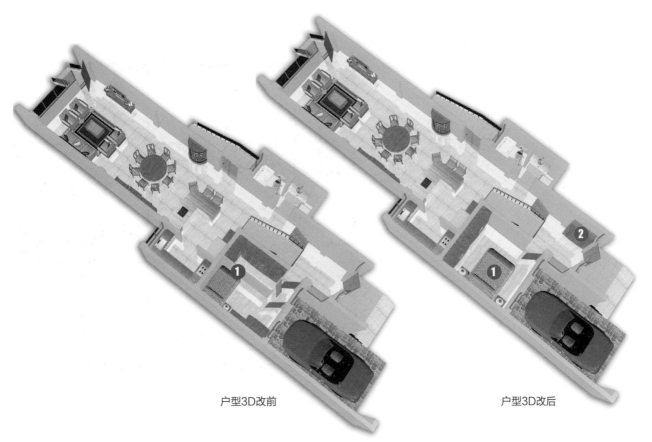

户型3D改前　　　　　　　　　　　　　　　户型3D改后

北京钓鱼台七号院
B户型

位于北京市海淀区玉渊潭公园北岸。四室二厅四卫一工人间,建筑面积411.33平方米。户型左半部为三个卧室和书房的静区,集中而隐蔽;右半部为客厅、餐厅和厨房的动区,区域划分比较明确。存在问题是:户型虽然为三面采光的纯板楼,但卧室部分南北缺乏对流,而起居部分的餐厅和客厅虽然有部分对流,但通道过于狭窄。另外,由于门厅设置在客厅上端,挤压了客厅进深,使其开间过多大于进深。另外,中部的交通过于拖拉,一个很大衣柜填补了空间。

工人间布局: 工人间为黑空间,与工卫之间隔着工人通道,显得松懈。

改造重点: 设计时工人间调整成明居室。

另外:公共交通管井下移,增加厨房进深,缩短门厅和客厅进深;主人电梯逆时针偏转90度,门厅改在左侧;书房移到客厅右侧,利用原门厅空间;客厅设置在中部,增加进深,缩小开间;主卫移至主卧上端,与衣帽间一气呵成;扩大主卧开间;下移次主卫和衣帽间,扩大次主卫面积;过道保留衣柜,与门厅紧密联系。

调整后,工人间变得明亮、舒适,同时扩大了客厅、主卧和次主卧面积,缩短了交通动线,使餐厅、门厅和客厅互相借势。

户型平面改前

户型平面改后

改后

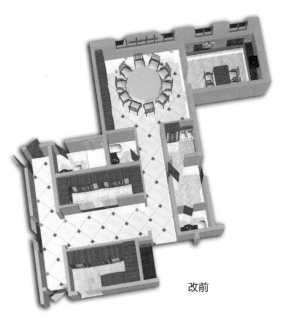

改前

69

❶ 工人间调整到厨房里侧，形成明居室。

❷ 交通管井下移，增加厨房进深，缩短门厅和客厅进深。

❸ 主人电梯逆时针偏转90度，门厅改在左侧。

❹ 书房移到客厅右侧，充分利用原门厅空间。

❺ 客厅设置在中部，增加进深，缩小开间。

❻ 主卫移至主卧上端，与衣帽间一气呵成。

❼ 扩大主卧开间。

❽ 下移次主卫和衣帽间，扩大次主卧面积。

❾ 扩大次主卫面积。

❿ 过道保留衣柜，与门厅紧密联系。

工人间

户型3D改前

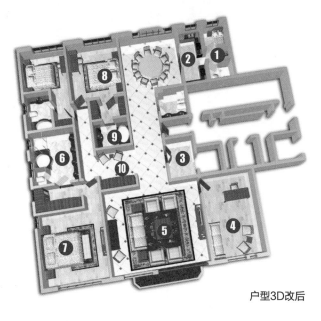

户型3D改后

北京阳光上东

豪宅户型

位于北京市朝阳区宵云桥东南角的东四环北路6号。五室三厅四卫一工人间，建筑面积473.41平方米，占据整层，四面采光。户型采用双入户门，空间划分明确，这样设计的好处是，各区域相互干扰很少，可以有效地缩短交通动线。户型右半部为静区，由四个卧室、三个卫生间和书房组成，存在的问题是，进入主卫和衣帽间的门设在主卧里侧，太绕，同时次主卫浴缸过短。左半部为动区，由客厅、餐厅、厨房和工人间组成。中部为家庭起居厅。有所缺憾的是，门厅过于开放，缺少豪宅曲径通幽的感觉。

工人间布局：工人间为黑空间，工卫设置在工卧里侧，非常憋气。

改造重点：调整工卧和工卫，增加工人通道。

另外：主卧衣帽间下移成明室，门设在上端；主卫内隔墙拆除，扩大空间，调整洁具；规矩次主卫，加大浴缸；规矩次卫，调整洁具；增加影壁墙，扩大左门厅；缩小中厨开间；左移西厨左墙并缩小开间。

调整后，工人间的舒适度大大提高，并且设置了专用工人入户通道。主人空间入户形成门厅，既缩短了到达主卫和衣帽间的交通，又保证了主卧的相对独立。同时，厨房虽然缩小了开间，但保证了进深的充分利用，面积反而增大。

户型平面改前

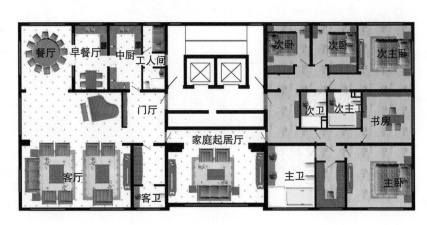

户型平面改后

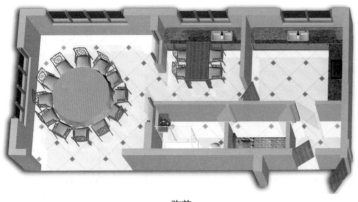

改前

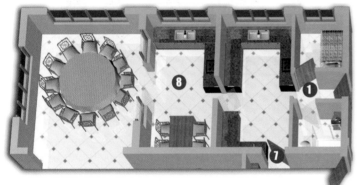

改后

① 调整工人间和工卫。

② 主卧衣帽间下移成明室，门设在上端。

③ 主卫内隔墙拆除，扩大空间，调整洁具。

④ 规矩次主卫，加大浴缸。

⑤ 规矩次卫，调整洁具。

⑥ 增加影壁墙，扩大左门厅。

⑦ 缩小中厨开间，增加工人通道。

⑧ 左移西厨左墙并缩小开间。

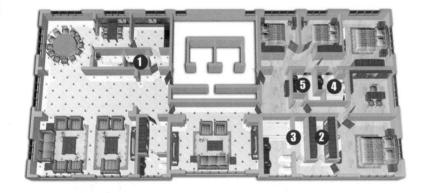

户型3D改前

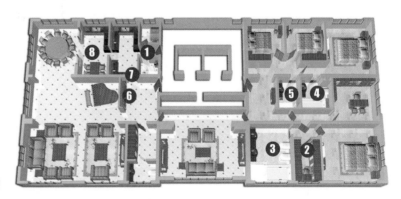

户型3D改后

北京波特兰花园
A3户型一层

位于北京市顺义区顺平路燕京桥向东900米。五室四厅三卫双车库，建筑面积475.31平方米，为地上二层加地下层。该户型由于设置在中部的弧形楼梯而出现了许多斜角墙：像客厅右侧和书房的门口等等，这样虽然可以使空间出现活泼的斜线变化，但由于处在中部，交通通道加长，动线折角偏多，浪费了一些面积。户型为后花园设置，前门通向马路，后门从客厅步入花园。这样的好处是，除客厅外，餐厅、早餐厅和厨房都可以欣赏花园的景致，这点在国外的别墅中比较常见。问题是，客厅和会客厅挨得太近，无法细致地区分其功能，同时餐厅的面积也显得过大。

工人间布局：车库有些浪费，尤其是洗衣间，对于同样计算销售面积的空间来说，这样的设计实在没什么必要。可以考虑增加工人间淋浴间。

改造重点：将洗衣间分割一半改成工卫淋浴间，同时将工卧门移到右侧，避免碰门。

另外：书房左墙右移60厘米，外侧设计出衣柜，里侧改成客房；家庭起居厅隔出书房；餐厅增加隔墙，留出门；设置新的家庭起居厅，留出门；客卫门反向，加大洗手台。

一层尽量设置客房，满足老人和客人的需要。这样，原来的客卫供客房使用，工人间可以设工卫淋浴间。设置双厅时，会客厅和家庭起居厅要拉开距离。

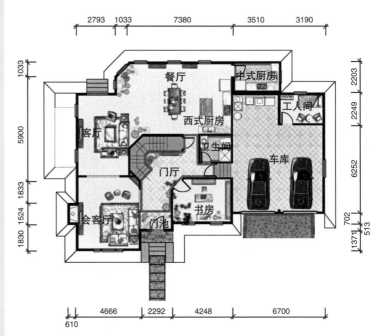

户型平面改前

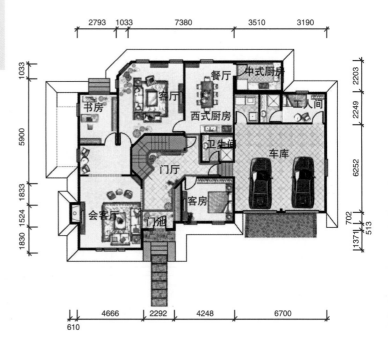

户型平面改后

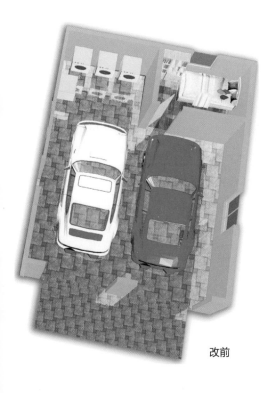

改前

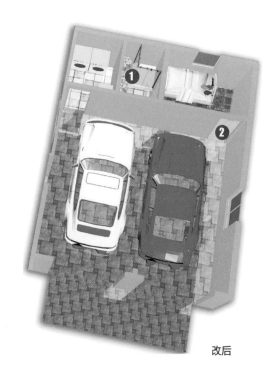

改后

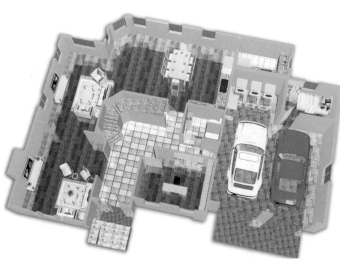

户型3D改前

❶ 洗衣间分割一半改成工卫淋浴间。

❷ 工卧门移到右侧，避免碰门。

❸ 书房左墙右移60厘米，外侧设计出衣柜，里侧改成客房。

❹ 家庭起居厅隔出书房。

❺ 餐厅增加隔墙，留出门。

❻ 设置新的家庭起居厅，留出门。

❼ 客卫门反向，加大洗手台。

工人间

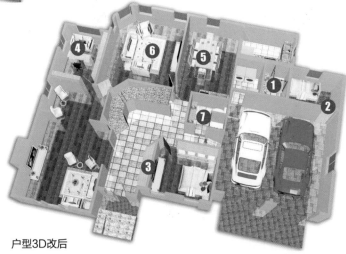

户型3D改后

72

台湾花莲富贵花园
C户型夹层

位于台湾花莲县。三室三厅三卫一工人间，使用面积562平方米，为地上三层加夹层的联排别墅。上下层结构重叠设计，客厅采用一层半挑空，户型进深较短，并且只有前入口，虽然可以保证后部厨房和卫生间适度的采光开间，但缺少步入后花园的门。一层为起居层，二层为主人层，三层为家庭层。

工人间布局： 半层多高的夹层用于工人间、客卫和棋牌厅。工人间敞开设计，缺少私密性，同时客卫门直对着床，缺少淋浴间。

改造重点： 封闭工人间，设置推拉门。

另外，客卫右墙右移，增加淋浴间。

保证私密，完善配置，使工人间尽可能达到人性化。

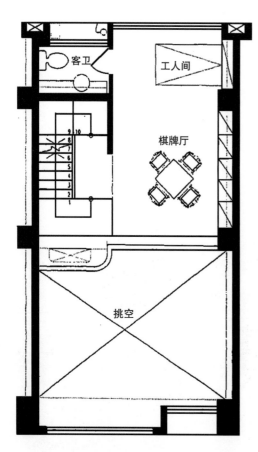

户型平面改前

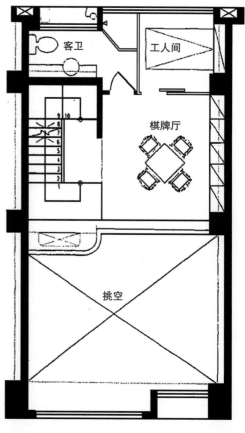

户型平面改后

服务空间篇

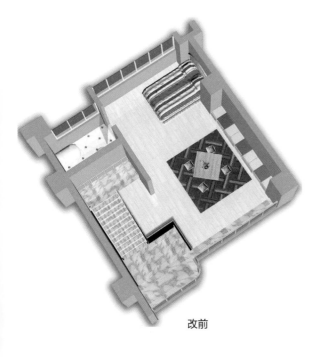

改前

改后

❶ 客卫右墙右移，增加淋浴间。

❷ 封闭工人间，设置推拉门。

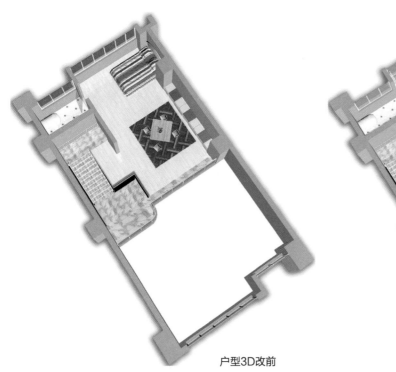

户型3D改前

户型3D改后

工人间

73

昆山天润·尚院
F户型一层

位于江苏省昆山市周庄镇周商公路南侧。五室四厅五卫，建筑面积386.29平方米，为大面宽的两层重叠式双拼别墅。一层采用起居厅与客厅分开的设计，中间夹着餐厅和厨房，右侧设计了老人卧室。缺憾是：三厅之间的凹面过深，采光遮挡明显；客卫离起居厅和餐厅偏远；老人卧室门开启时遮挡衣帽间；门厅过大；楼梯偏窄。

工人间布局： 原无工人间。此户型为项目中楼王，应提高配置，在厨房旁设计出工人间。

改造重点： 设计时起居厅北侧设计出工卫和工卧，并留出后门。厨房设置成中西分厨，增加岛形配餐台。

另外，缩小凹面深度，保持与二层结构统一：餐厅南墙下移，保持与二层结构对齐；餐厅调整到南侧阳光面；客卫设在中部，方便使用，并进行干湿分离；增设的明储藏间，也可以用于居住；缩小门厅，加大楼梯；客厅挑空，增加气势；老人卧室扩大开间，并扩大卫生间面积。

调整设计后，添置了工人间、西厨、储藏间等实用空间，主要居室的宽度和高度也增加了不少。

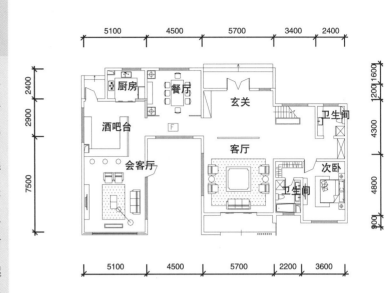

户型平面改前

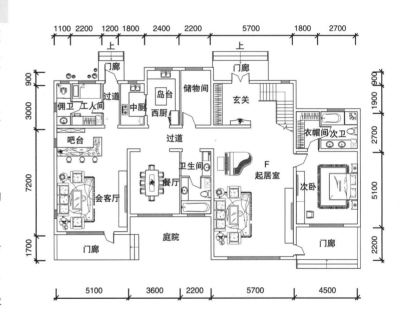

户型平面改后

服务空间篇

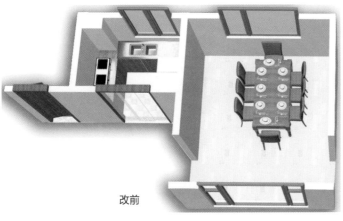

改前

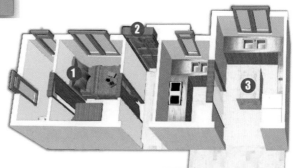

改后

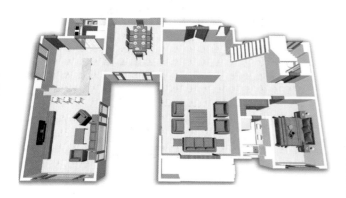

户型3D改前

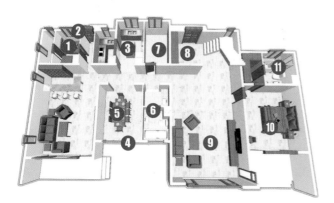

户型3D改后

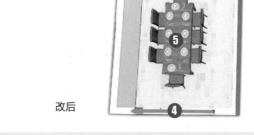

❶ 起居厅北侧设计出工卫和工卧。

❷ 留出后门。

❸ 厨房设置成中西分厨，增加岛形配餐台。

❹ 餐厅南墙下移，保持与二层结构对齐。

❺ 餐厅调整到南侧阳光面。

❻ 客卫设在中部，方便使用，并进行干湿分离。

❼ 增设的明储藏间，也可以用于居住。

❽ 缩小门厅，加大楼梯。

❾ 客厅挑空，增加气势。

❿ 老人卧室扩大开间。

⓫ 扩大老人卧室卫生间面积。

工人间

74 北京新世界家园
G1户型

位于北京市东城区崇外大街磁器口西北。三室二厅二卫一工人间，建筑面积188.83平方米，使用率86.10%。户型为边户型，三面采光，虽然两南两北格局，进深达17.45米，但整个空间仍然比较明亮，灰色空间仅限于餐厅和次卫部位。靠东边的主卧和次卧都采用了两面的窗户，以保证充分地利用三面采光的优势，但问题是窗户过宽，导致了床的摆放受到了一定的影响。另外，三个卧室的开间配比不太合理，像4.68米开间的次卧远远大于3.97米开间的主卧，已经失衡。

工人间布局：工人间的设置是功能细化的标志，如果不想单独设立，可以考虑改成书房，变成第四个居室。

改造重点：打通工人间和储藏间的墙，然后再拆掉工人间右侧墙和门，将下墙延长至厨房的右墙。

另外，两个次卧之间的墙至少向右移71厘米，右侧次卧缩小成和主卧相同的开间，保证左侧次卧门后放下一组衣柜。

调整的结果是，增加了一间实用的小次卧，并且两个次卧的尺度也变得均好。

户型平面改前

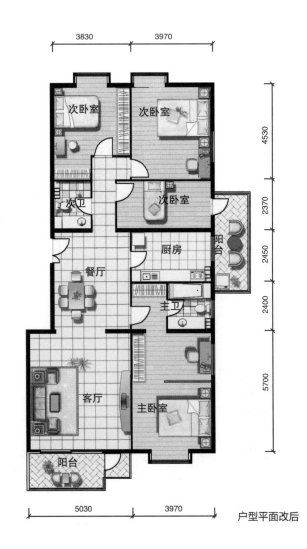

户型平面改后

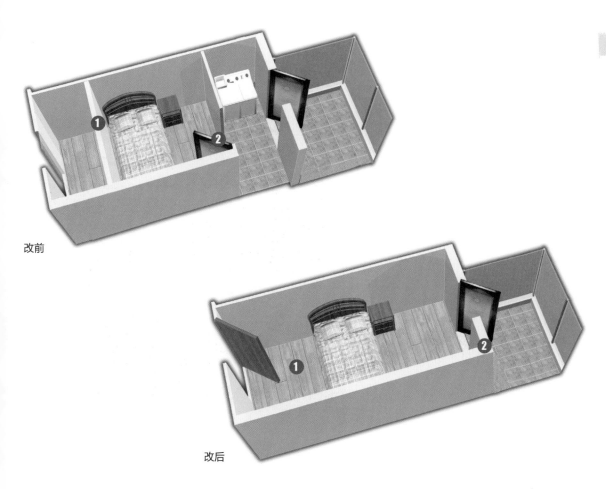

74

改前

改后

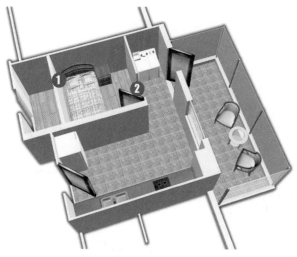

户型3D改前

❶ 打通工人间和储藏间的墙。

❷ 拆掉工人间右侧墙和门，将下墙延长至
厨房的右墙。

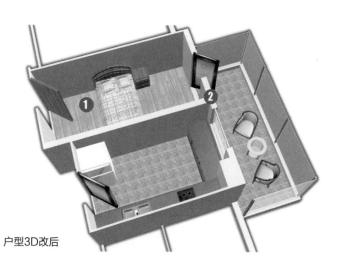

户型3D改后

75 北京保利东郡
C户型

位于北京市朝阳区东四环外石佛营。四室二厅四卫，建筑面积285平方米，两面采光。为解决主卫、书房和次主卫的通风，楼体北侧开了深槽，但与邻居有互视。户型中部为动区，客厅和餐厅互相借势，非常宽大，但餐厅由于厨房的阻隔，为间接采光，并且处于交通通道中，不够稳定。静区的卧室分成了三部分，与动区交叉干扰较大。

工人间布局： 设置了工人通道，但没有工人间。

改造重点： 左移餐厅右墙，增加工卧和工卫。

另外，客厅左墙左移60厘米，改变与主卧的比例；主卫下墙上移30厘米，右墙右移，调整洁具；上移衣帽间，增加主卧进深；水平翻转客卫，保持门与次卧门相对；次主卫上墙上移20厘米，保持坐便器正常使用；扩大厨房，充分利用交通空间。

调整后，工人间的增加，使工人通道的设置合乎情理。同时，客厅和主卧的开间配比合理，主卧与主卫空间比例适宜。

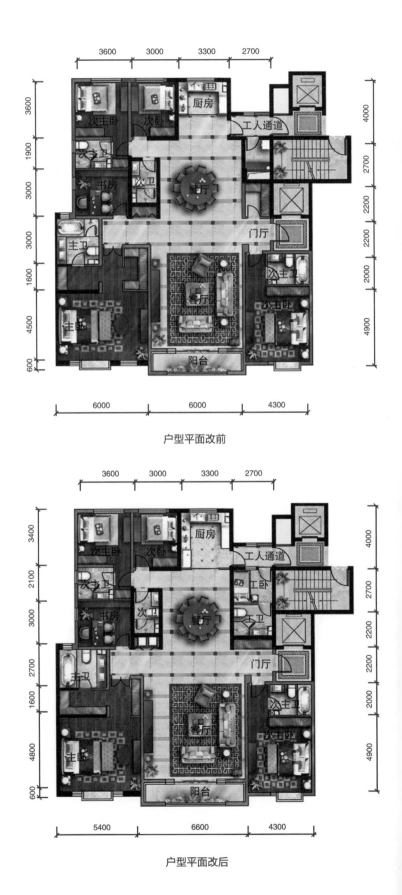

户型平面改前

户型平面改后

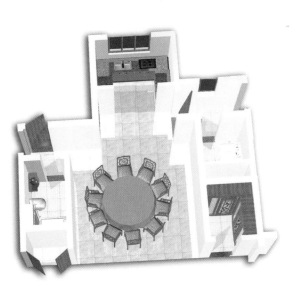

75

改前

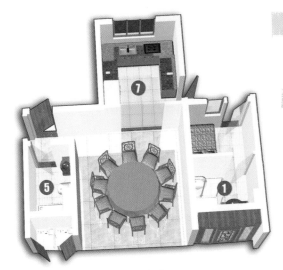

改后

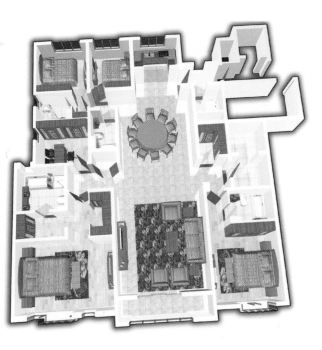

户型3D改前

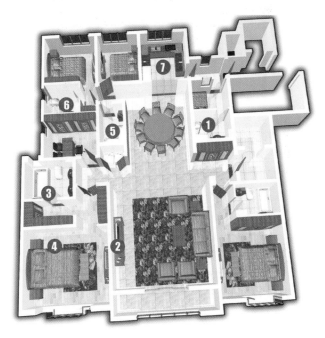

户型3D改后

① 左移餐厅右墙，增加工卧和工卫。

② 客厅左墙左移60厘米，改变与主卧的比例。

③ 主卫下墙上移30厘米，右墙右移，调整洁具。

④ 上移衣帽间，增加主卧进深30厘米。

⑤ 水平翻转客卫，保持门与次卧门相对。

⑥ 扩大次主卫，保持坐便器正常使用。

⑦ 扩大厨房，充分利用交通空间。

工人房

76 北京华瀚国际
4J户型

位于北京市朝阳区东四环窑洼湖公园旁，四方桥东北角。四室二厅三卫一工人间，建筑面积253.59平方米，使用率81.9%。户型中动区两厅划分明确，餐厅独立，并拥有阳台，但和厨房之间的动线横在两个次卧外侧，造成了交叉干扰。虽为板楼，但缺乏南北通风通道，户型显得拥堵。另外，出入大门需要从客厅上侧绕行，动线不够便捷。

工人间布局：工人间与厨房共用采光口，由于开口有限，只能通过门通风，使用不便，同时开间过于狭小。

改造重点：设计时调整厨房和工人间位置，增加工人间面积，使空间尺度更为合理。

另外：餐厅调整到原次卧处，保持与客厅的通透性；厨房设置在餐厅旁；改设主卧衣帽间，外侧形成影壁墙；调整主卫开间和进深，使之合理放置洁具；次卫调整到原餐厅处；次卧设置在次卫下端；门厅衣柜和次主卧衣柜背靠背统一设置。

工人间增加了采光窗，通风方便。餐厅和客厅互相借势，扩大了空间感，更主要的是动静区域划分更加明确，墙体结构也更加平直。

户型平面改前

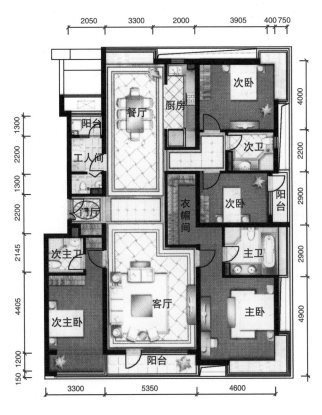

户型平面改后

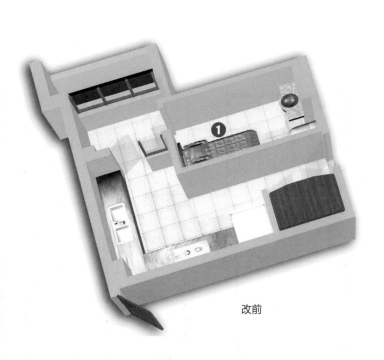

76

改前

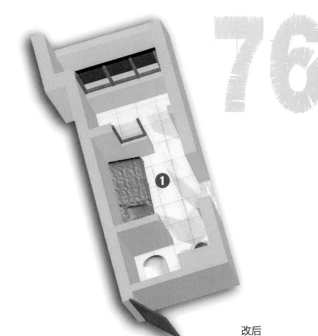

改后

❶ 调整工人间位置，增加面积。

❷ 餐厅调整到原次卧处，保持与客厅的通透性。

❸ 厨房设置在餐厅旁。

❹ 改设主卧衣帽间，外侧形成影壁墙。

❺ 调整主卫开间和进深，使之合理放置洁具。

❻ 次卫调整到原餐厅处。

❼ 小次卧设置在次卫下端。

❽ 门厅衣柜和次主卧衣柜背靠背统一设置。

工人房

户型3D改前

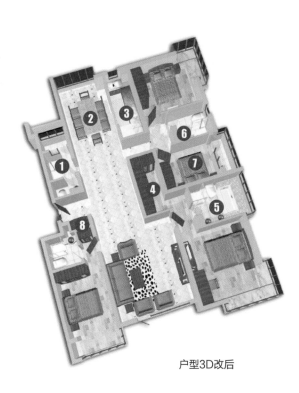

户型3D改后

北京西山壹号院
D户型

位于北京市海淀区圆明园西路药用植物园北侧。三室三厅四卫一工人间，建筑面积320平方米。户型三面采光，南北对流顺畅，整体非常通透。门厅明确分离动静区域：左侧为起居空间，餐厅处在三面采光的落地角窗处，非常明亮，但客卫占据了右上角，门直对着客厅，并且使起居空间成为"刀把"形；右侧为卧室空间，家庭起居室设置在三个卧室中间，使用方便，但主卧衣帽间过于狭长，使到达主卫的过道偏长。

工人间布局：工人间虽然明窗，但与工卫分开并缺少淋浴间。

改造重点：设计时工卧调整到洗衣间处，工卫移到右上角，成为明卫。

另外：中西分厨，客卫调整到西厨对面；扩大餐厅，设置配餐台；主卧对调到里侧，扩大进深；主卫对调到外侧，缩短交通；集中设置步入式衣帽间；扩大门厅玄关台。

调整后，起居空间方正、宽大，客卫隐蔽，工卫通风，更重要的是，主卧衣帽间和主卫紧凑，主卧也宽大了许多。

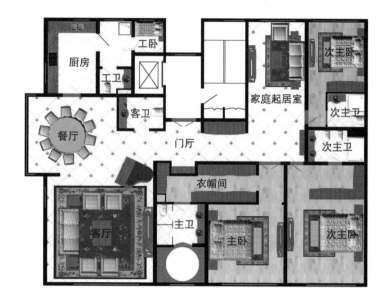

户型平面改前

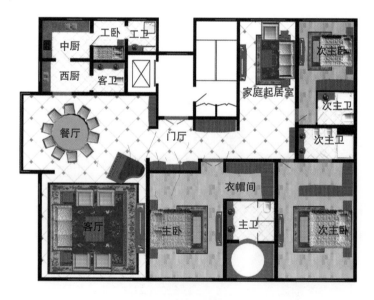

户型平面改后

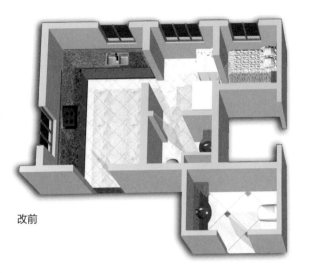

改前

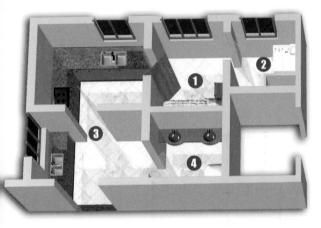

改后

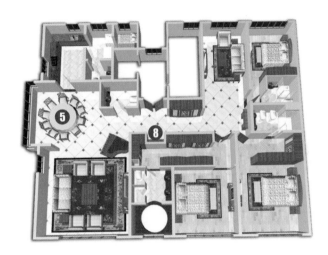

户型3D改前

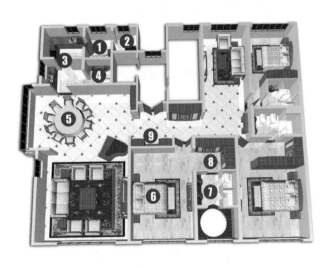

户型3D改后

❶ 工卧调整到洗衣间处。

❷ 工卫移到右上角,成为明卫。

❸ 中西分厨。

❹ 客卫调整到西厨对面。

❺ 扩大餐厅,设置配餐台。

❻ 主卧对调到左侧,扩大进深。

❼ 主卫对调到右侧,缩短交通。

❽ 集中设置步入式衣帽间。

❾ 扩大门厅玄关台。

78

北京贡院六号

4居户型

位于北京市东城区建国门内长安街北侧的贡院西街6号。四室二厅三卫，建筑面积350平方米。户型实际由板楼的两室两厅一卫和塔楼的一室一厅两卫组合而成。下半部虽然比较通透，但客厅受到来自左侧主卧和书房的右墙遮挡，视角很窄，并且横向格局后面须留过道摆放沙发。上半部为主人空间，横向的主卧不好放置卧室家具，中间的交通空间也显得有些浪费。

工人间布局：厨房虽设置了工人通道，但无工人间多少有些欠缺。

改造重点：厨房的右墙右移20厘米，上墙下移与餐厅上侧取齐；厨房中间增加隔墙，分出工人间。

另外：拆掉客厅和餐厅间的两道隔墙，扩大空间的通透性；拆掉主卧衣帽间；向上延长原衣帽间墙，增加主卧左墙，里侧为主卫浴室；主卫调整洁具；封上原主卫外间，设置大衣帽间；延长书房左墙，增加门；门厅衣柜调整到客卫对面窗户处。

改造后，增加了实用的工人间，同时，主人空间的舒适度大幅提高：主卧的尺度宽大、方正，窄条窗下正好设置床头柜；主卫变成了明卫；衣帽间扩大不少。另外，客厅和餐厅相互借势。

户型平面改前

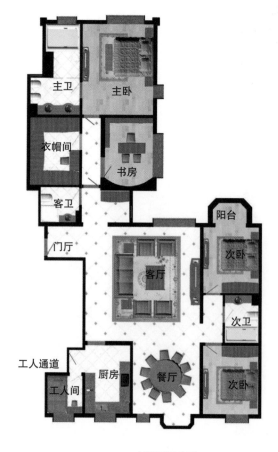

户型平面改后

服务空间篇

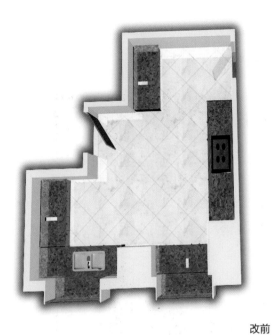

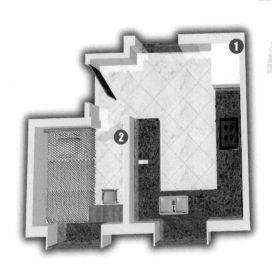

改前

改后

① 厨房的右墙右移20厘米，上墙下移与餐厅上侧取齐。

② 厨房中间增加隔墙，分出工人间。

③ 拆掉客厅和餐厅的两道隔墙，扩大空间的通透性。

④ 拆掉衣帽间，增加主卧左墙，左侧为主卫浴室。

⑤ 主卫调整洁具。

⑥ 增加隔墙，设置大衣帽间。

⑦ 延长书房左墙，增加门。

⑧ 门厅衣柜调整到窗户处，保持门厅的宽敞。

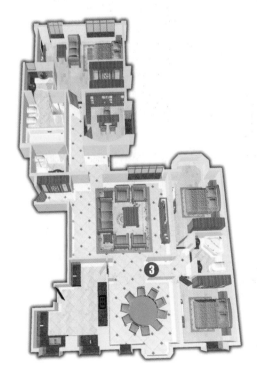

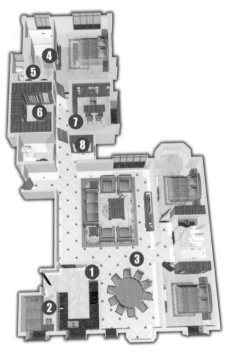

户型3D改前

户型3D改后

工人房

北京紫御华府
G户型

位于北京市朝阳区安立路奥林匹克公园北侧。四室四厅四卫一工人间，建筑面积340平方米。户型为纯板楼结构，3梯2户，面积宽裕，但配比不够均好，南北仅一条通风通道。

存在问题是：因为物业有电梯卡，电梯厅放置衣柜缺乏安全；门厅不独立；客厅开间局促；厨房间接通风；工人通道到厨房要穿过餐厅；主卧无衣帽间；主卫不通向主卧，缺乏私密。

工人间布局： 工人间虽然拥有角窗，但还要满足厨房通风、采光，有交叉干扰，同时工卫未能利用外墙设置窗户。

改造重点： 设计时对调工人间和空调机位，工卫开窗户，使工人间独立于厨房之外。同时工人通道从厨房过，避免干扰餐厅。

另外：中西分厨，保证厨房直接对外通风；上移花厅上墙和大门，去掉电梯厅衣柜；调整南次主卧卫生间到左上侧，外侧形成影壁墙；缩小主人衣帽间，扩大书房；北次主卧纳入主人衣帽间，扩大卫生间；主卧设置衣帽间；主卫调整洁具并增加通往主卧的门。

优化调整后，工人空间设置合理，并且与厨房分离，同时客厅宽裕，门厅独立，卧室配置完善，私密性强化。

服务空间篇

户型平面改前

户型平面改后

改前

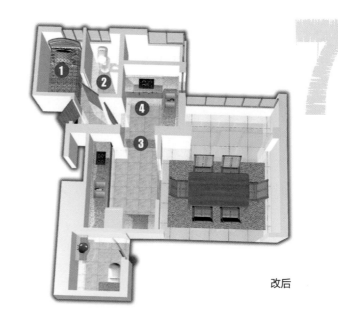

改后

79

❶ 对调工人间和空调室外机位置。

❷ 工卫设置窗户。

❸ 工人通道从厨房穿过，避免干扰餐厅。

❹ 厨房设置成中西分厨，保证直接对外通风。

❺ 上移花厅上墙和大门，去掉电梯厅衣柜。

❻ 调整南次主卫到左上侧，外侧形成影壁墙。

❼ 缩小主人衣帽间，扩大书房。

❽ 北次主卧纳入主人衣帽间，扩大卫生间。

❾ 主卧设置衣帽间。

❿ 主卫调整洁具并增加通往主卧的门。

工人房

户型3D改前

户型3D改后

储藏间

储藏间是户型设计的边角料。一些不好处理的灰色、黑色空间，犄角旮旯空间，设计师大笔一挥，就变成了储藏间。虽然不那么重要，但计算时与居室面积同样价格，同样的物业费，应该细致考量。

❀ 功能区域相互借用

储藏间面积虽然不大，但格局要尽可能规矩，开门尽可能不影响其他空间，内部尽可能安装照明设备。同时，还要想法借用其他空间，节省进出时的交通转换所占用的面积。比如，借用楼梯尾部、过道尽头、几个居室出入的转换等空间。

❀ 储藏性质转换自如

储藏间属于边角空间，选择、改造时也要适当考虑未来性质的转换：如转成工人间是能否通风、采光，能否放置下基本家具；合并到厨、卫能否接入上下水；改成衣帽间能否联通卧室、卫生间。

北京世纪新景

C-H户型

位于北京市海淀区北洼路双紫支渠南侧。二室二厅二卫，建筑面积113.14平方米，处于蝶形塔楼的腰部朝向西南。户型横向三个半开间展开，采光面宽，光线明亮，并且分区明确，空间比例适宜，相互干扰很小。但由于室内没有空气流动通路，通风较差。

储藏间布局：次卫为异形空间，虽说对户型整体影响不大，但面积超过了主卫，空间布局有些浪费，可以考虑分出部分用于储藏间或门厅衣帽间。

改造重点：将次卫中部偏左位置与厨房上墙垂直设置一道门，并倚卫生间侧墙使格局基本为长方形。利用次卫外侧上端的三角形空间隔出门厅衣帽间，满足需要。

另外，厨房的门改开在上侧三角形衣帽间的对面，使外侧电视墙延长，客厅实际空间面积变大。

这样改造的好处是，使过于浪费的次卫变得实用、规整，并增加了衣帽间。更重要的是，客厅因厨房门的调整，面积扩大了不少，并且厨房和次卫出入变得更为隐蔽，减少了对重要的起居空间的干扰。

户型平面改前

户型平面改后

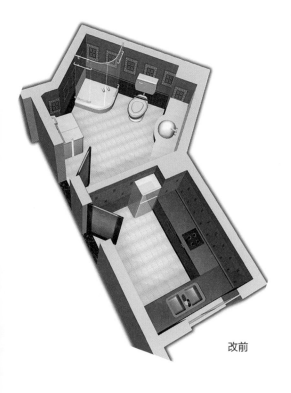

改前

改后

① 次卫中部偏左位置与厨房上墙垂直设置一道门，并倚卫生间侧墙使格局基本为长方形。

② 利用次卫外侧上端的三角形空间隔出门厅衣帽间，满足需要。

③ 厨房的门改开在上侧三角形衣帽间的对面。

④ 电视墙延长，客厅实际空间面积变大。

储藏间

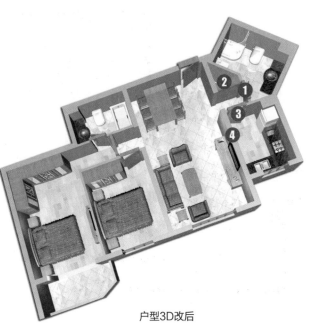

户型3D改后

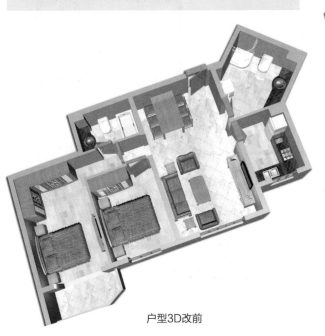

户型3D改前

81

北京大隐
C户型

位于北京市海淀区西直门交大东路60号。三室二厅二卫，建筑面积156.01平方米。该户型处于方塔楼的东北侧，一面采光，全部朝向东面，虽然北侧为外墙，但设计时没能充分利用北面采光的优势，将卫生间开窗变成明卫，将主卧床头里侧开窗形成通风通路，多少有些遗憾。

储藏间布局：餐厅设置在大门口，虽然可以缓解狭长的楼道带来的压迫感，但"开门见餐"总是有些尴尬。可以考虑将储藏间与餐厅对调，或者干脆将厨房旁的卧室扩大。

改造重点：将储藏间拆掉，因为全封闭的黑色空间不适合当工人间，而露出的夹角正好借用两侧的交通面积，并且利用交通线自然与客厅分隔，扩大起居空间。

另外，将门厅旁次卧上墙上移，扩大原本有些拘谨的空间，确保能宽松地放下双人床等卧室三件套；如果觉得过道太长，还可以在移墙时留出摆放小沙发的位置，变成小小的会客区，或摆上门厅衣柜；将主卫洗手盆偏转改成大洗手台，增加气势。

总的来说，改造完后虽然少了储藏间，但主要空间得以扩大，并且巧妙地借用了交通通道。

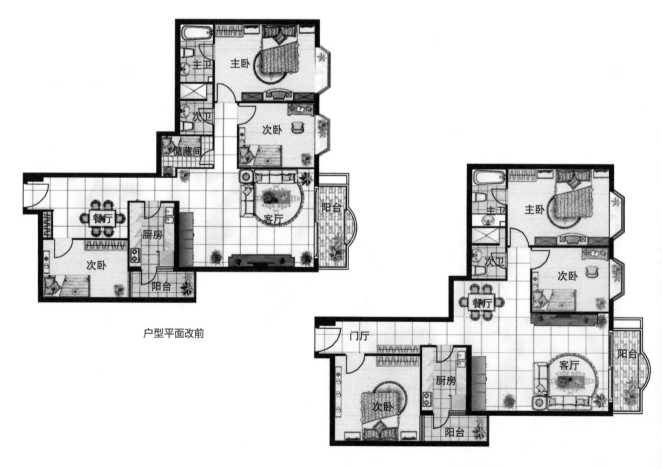

户型平面改前

户型平面改后

服务空间篇

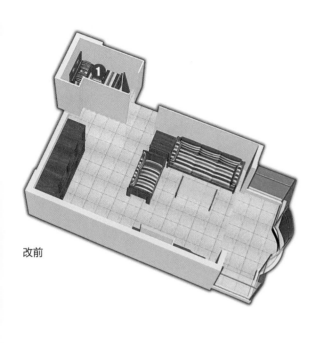

改前

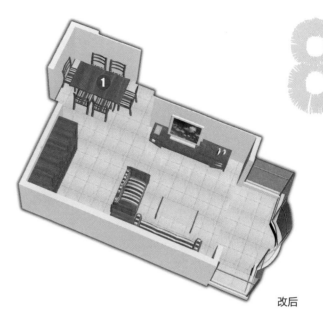

改后

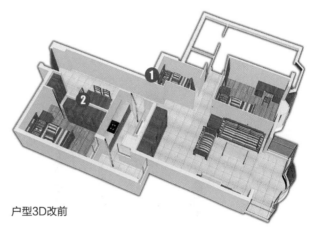

户型3D改前

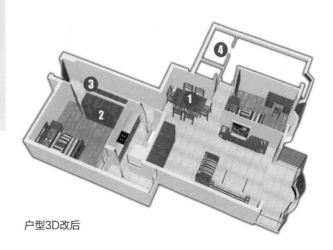

户型3D改后

❶ 拆掉储藏间做餐厅。

❷ 门厅旁次卧上墙上移，扩大原本有些拘谨的空间。

❸ 摆上门厅衣柜。

❹ 主卫洗手盆偏转改成大洗手台，增加气势。

储藏间

82

秦皇岛东戴河
A户型

位于河北省秦皇岛市山海关东5000米,与辽宁省交界。二室二厅二卫,建筑面积114平方米,为板塔楼边单元,三面采光。户型纵向布局,格局比较方正,但面积配比有些失衡,表现为:主卧偏大;次卧偏小;次卫面积过于局促。

储藏间布局:次卧由于次卫的介入,形成了"刀把"形空间,只能在门后设置一组衣柜。主卧基本与起居室同大,未能细分储藏空间,只是简单地设置了一大排衣柜。

改造重点:主卧中隔出次卫的湿间和主卧衣帽间。

另外:起居室右下角隔出次卫的干间;去掉原次卫,扩大次卧;对调沙发和电视。

调整后,次卫独立出来并扩大面积,增加了主卧衣帽间,使得各空间面积配比更为和谐。

服务空间篇

户型平面改前

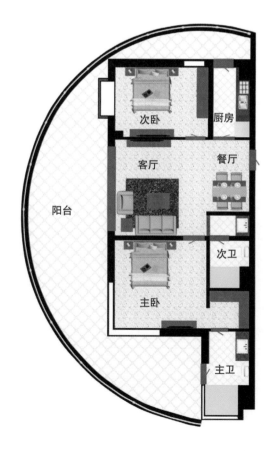

户型平面改后

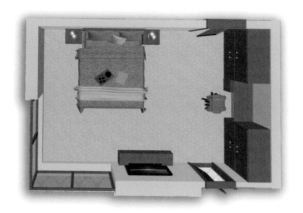

改前

改后

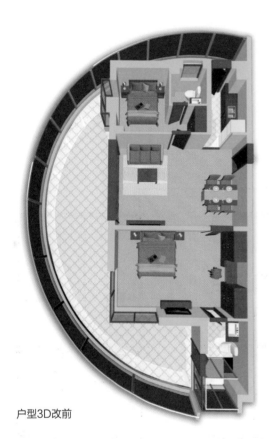

户型3D改前

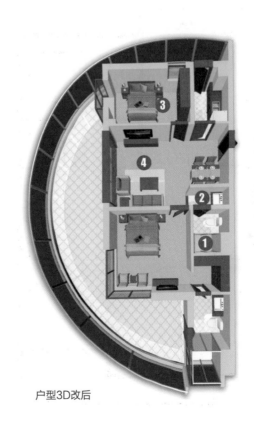

户型3D改后

① 主卧中隔出次卫的湿间和主卧衣帽间。

② 餐厅下侧隔出次卫的干间。

③ 去掉原次卫，扩大次卧。

④ 对调沙发和电视。

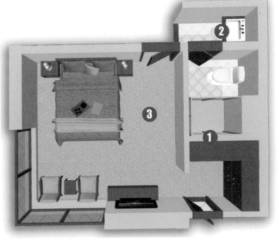

储藏间

83 北京五矿万科如园
A户型

位于北京市海淀区西北旺镇永丰路与后厂村路交界东南角。四室二厅四卫，建筑面积280平方米。户型三面采光，南北对流，整体比较通透。中间结构墙分离动静区域：左侧为起居空间、服务空间和客卧，餐厅处在西厨、工人通道和门厅之间，成为过厅，不太稳定；右侧为卧室和书房，通过垭口联系过厅，比较私密，但客卫没有淋浴设施，如果书房用做卧室，则无法如浴。

储藏间布局：走工人通道要穿过家政间，空间有些浪费，可以考虑改成储藏间或工人间。

改造重点：家政间右墙右移至垭口边，设置通向餐厅的门，使其成为储藏间或工人间；下移主卧门外柜门，与客卫下墙取齐，扩大成储藏间。

另外：厨房右墙右移，去掉西厨操作台，改成推拉门；厨房下墙下移，移入电冰箱，避免放置餐厅使用不便的弊端；餐厅移至阳台前，变成明厅；设置洗衣间；设置配餐台；规矩主卧衣帽间；打通储藏间，次卫增加淋浴间；分隔客厅和主卧阳台，避免交叉干扰。

调整后，增设的工人间不仅实用，而且工人通道也显得平直、畅达。次卫、主卧衣帽间和过厅储藏间的加大，规矩了墙体的同时，使服务空间变得更为实用。

户型平面改前

户型平面改后

服务空间篇

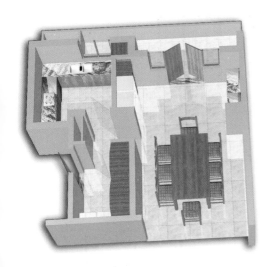

改前

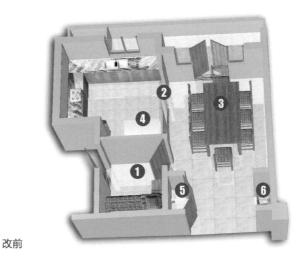

改后

83

❶ 家政间右墙右移和电梯右墙取齐，设置通向餐厅的门，使其成为工人间。

❷ 厨房右墙右移，去掉西厨操作台，改成推拉门。

❸ 餐厅移至阳台前，变成明厅。

❹ 厨房下墙下移，移入电冰箱，避免放置餐厅

使用不便的弊端。

❺ 设置洗衣间。

❻ 设置配餐台。

❼ 打通储藏间，客卫增加淋浴间。

❽ 规矩主卧衣帽间。

❾ 分隔客厅和主卧阳台，避免交叉干扰。

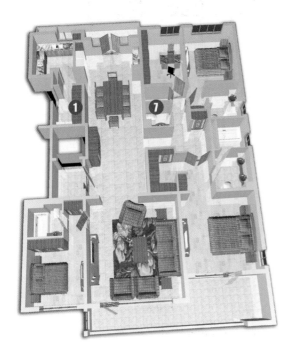

户型3D改前

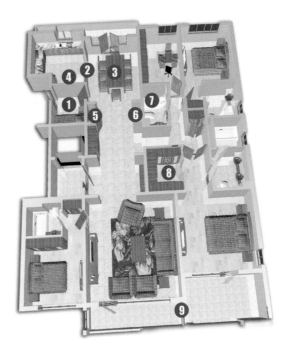

户型3D改后

储藏间

84 北京凤凰城
C-3户型

位于北京市朝阳区三元桥东北。三室二厅三卫一工人间，建筑面积248.58平方米，处于U形板楼的西侧。虽然整个户型进深较大，但因拥有三面采光，视野开阔，采光、通风和观景都还不错。户型中动静分离明确，静区中的贯通书房设置，是目前大户型的流行趋势，提供了较高的舒适度。东北角的多功能房，无论作为儿童房还是作为棋牌室，方形格局都好使用。存在问题是：主卫"刀把"形格局非常别扭，主卧电视墙偏短。

储藏间布局： 主卧小衣帽间与主卫分离过远，实际只相当于小储藏间。可以考虑将其打开，改成过道衣柜，拆掉通向主卫的过道，扩大主卧进深。

改造重点： 储物衣帽间左墙左移一点，改成过道衣柜；主卧左墙左移，目的是留足主卧左上端的入门通道，以及加大左下端小柜子的尺度；主卧与外侧过道之间的墙拆掉，扩大进深。

另外：主卫左墙左移30厘米，保证放入浴缸，同时将格局方正。利用装修把阳台门一侧的柱子延长，使主卧的床墙拥有了一定的长度；厨房下侧门封上，改在右侧开门，保证餐厅的稳定性，同时橱柜也变得连贯。

改造完后，各个主要居室都变得方正、宽大，并且也稳定了许多。略有不足的是，客厅开间减小了一些。

户型平面改前

户型平面改后

84

改前

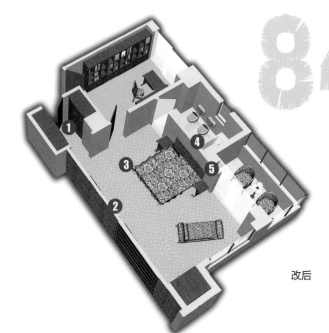

改后

❶ 储藏间打开，改成带衣柜的过道。

❷ 主卧左墙左移，留足入门通道。

❸ 主卧与过道间二墙拆掉，扩大进深。

❹ 主卫左墙左移，放入浴缸。

❺ 延长主卧右墙，保证放下床。

❻ 厨房下侧门封上，改在右侧开门。

户型3D改前

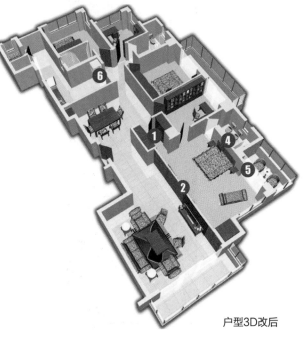

户型3D改后

储藏间

85 怀来八达岭孔雀城
H户型一层

位于河北省怀来县北京八达岭高速康庄出口西南约5公里。五室二厅四卫双车库，建筑面积250平方米，为地上三层加地下层的联排别墅。地上三层属于重叠式结构，两个开间、三段进深的设计方法使各空间的面积恰到好处，获得了良好的通风、采光。地下层是公共层，每户除了两个车位外，还有三个没有通风设施的储藏间，因而无法满足大休闲空间的需求。一层为起居空间，采用餐客分厅设计，但餐厅偏大，客厅稍小。

储藏间布局： 南侧入门处设计了独立衣帽间，交通动线挤压了客厅，使沙发只能靠窗摆放，电视朝光线方向，不符合生活习惯。可以考虑拆除衣帽间，侧向窗户摆放，加大沙发和电视的距离。

改造重点： 拆除衣帽间，沿墙设置一排衣柜，并且偏转客厅沙发。这样虽然门厅不太集中，但客厅扩大了不少。

另外，将客卫的门下移并反向开启，调整洁具。

化零为整，去掉可有可无的空间，保证主要空间的面积，在有限的面积中获得大尺度。

服务空间篇

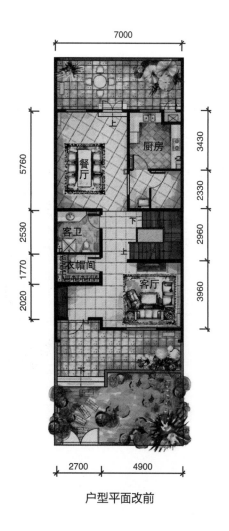

户型平面改前

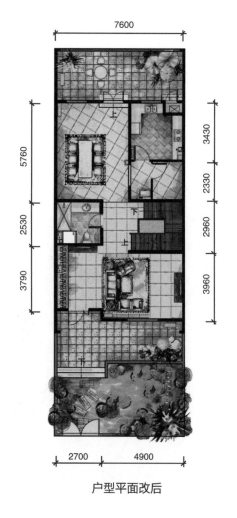

户型平面改后

改前

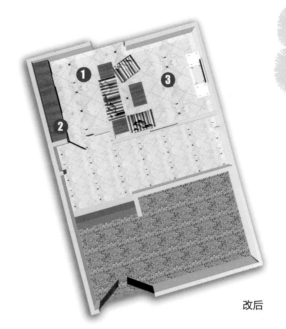

改后

1 衣帽间拆掉，扩大客厅。

2 沿墙设置一排衣柜。

3 偏转客厅沙发。

4 客卫的门下移并反向开启，调整洁具。

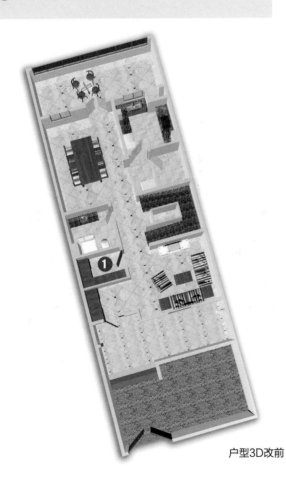

户型3D改前

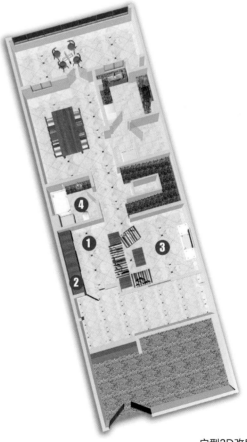

户型3D改后

储藏间

85

173

86 北京香悦四季
F户型二层

位于北京市顺义区顺义新城白马路与顺安北路交界。四室二厅四卫一地下室，地上建筑面积235平方米，为地上二层，地下一层的独栋别墅。由于车库为室外，不占用面积，同时地下部分为赠送，因而各居室面积比较充裕。二层因居室横向排列，共有三个卧室朝阳，南北通透，舒适度较高。楼梯设在中部，交通动线便捷。建筑设计折角较多，立面丰富，同时尺度也非常合理。门厅上的挑空，使上下层有了呼应，但北面的露台无法进入，显然是为了后期改造留下了伏笔。存在问题是，别墅西侧没有开窗，缺少了一面采光。

储藏间布局：主卧更衣间设置在左侧，虽然形成了过渡的门厅，但消耗了储藏面积，并且没能利用采光面设置窗户。

改造重点：主卧衣帽间拆除，在右侧窗户和露台门之间的窗框处增加隔墙，变成明衣帽间。

另外：封闭门厅的挑空，改成家庭起居厅，用活北面的露台；次卧的门向下微调，与过道对齐。

别墅尽量利用外墙设置窗户通风、采光。挑空最好在客厅上空，如果在门厅和餐厅部位要慎重考虑，因为过于纵向伸展会有烟囱和井的感觉。

服务空间篇

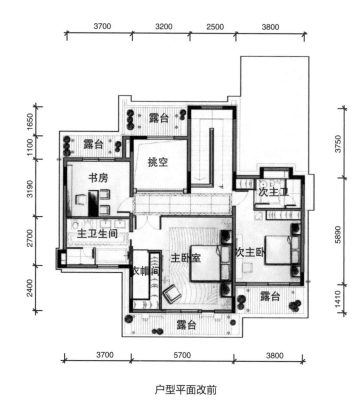

户型平面改前

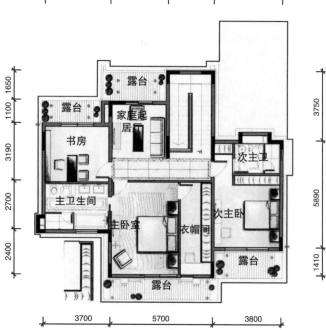

户型平面改后

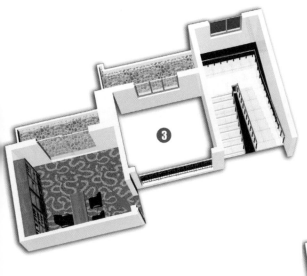

86

改前

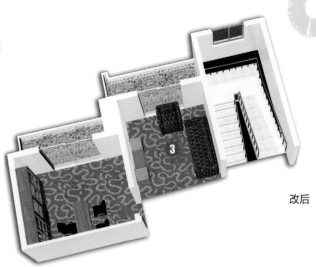

改后

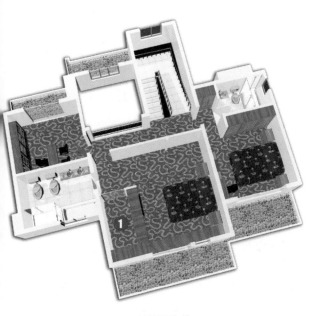

户型3D改前

① 原主卧衣帽间拆除。

② 在右侧窗户和露台门之间的窗框处增加隔墙，变成明衣帽间。

③ 封闭门厅的挑空，改成家庭起居厅，用活北面的露台。

④ 次主卧的门向下微调，与过道对齐。

户型3D改后

储藏间

漳州南太武·海印

领海户型

位于福建省漳州市漳州开发区南滨大道289号。四室二厅二卫,建筑面积156.04平方米。该户型采用三南三北格局,中规中矩,因处在板楼东侧,两个卫生间均为明卫。北侧4.2米开间的次卧大于3.9米开间的主卧,不够均好。起居室中客厅和餐厅的墙有一点错位,看起来不太舒服。另外,主卫在左上角有一斜墙,空间不够完整,改造时将其取直,变成方形空间,而北面次卧的门上移,留出次卫开门的位置。户型中右边两个卧室加主卫与起居室和厨房的动静分区比较明确,相互干扰很小。

储藏间布局: 门厅旁的储藏间进深可以扩大一些,右墙与客厅左墙取直,方正格局。

改造重点: 储藏间向餐厅方向扩大,右墙对齐客厅左墙。

另外:餐厅右墙右移,与结构墙取齐;扩大次卫,调整洗手台宽度,保证出入顺畅;将主卫的斜墙取直并扩大面积。

因餐厅不需要太大的开间,这样两侧扩大的结果,是将交通面积纳入了储藏间和卫生间。

户型平面改后

户型平面改前

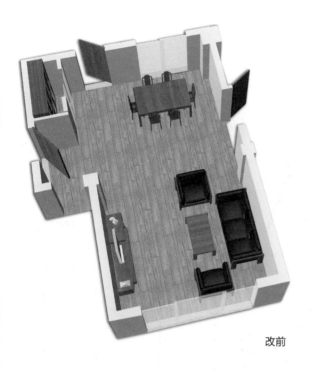

87

改前

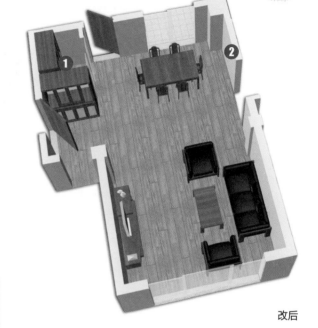

改后

① 储藏间向餐厅方向扩大，右墙对齐客厅左墙。

② 餐厅右墙右移，与结构墙取齐。

③ 扩大次卫，调整洗手台宽度，保证出入顺畅。

④ 主卫的斜墙取直并扩大面积。

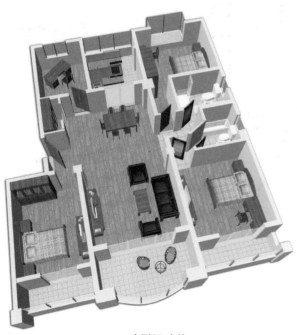

户型3D改前

户型3D改后

储藏间

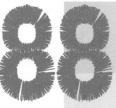

88 广州山水庭苑
C户型下层

位于广州市白云区同和路南湖东侧国家级旅游区。六室二厅四卫一工人间，建筑面积394.1平方米，重叠式跃层。最为气派的是起居部分，原本8米多的开间中可以体会到别墅的张扬，但中间的隔墙分成客厅和楼梯厅两个空间，楼梯部分有些浪费。欠缺的是，就餐空间与厨房距离稍大，并且不够独立。

储藏间布局： 异形空间主要集中在次主卫和次主卧的另一面，建议将这一面改成一个独立的衣帽储藏间，缓解狭长的次主卧。

改造重点： 将次主卧门下侧隔出衣帽储藏间。

另外：客厅右墙右移，与结构墙取齐，缩短墙面，扩大开间；娱乐室上墙下移，与左侧次卧上墙取齐，门改开在左上角；厨房门变成双玻璃门；餐厅移至厨房旁；原娱乐室门改成衣柜。

大户型一定要设置独立的储藏空间，同时客厅和餐厅分立，并且餐厅与厨房尽量相邻。

户型平面改前

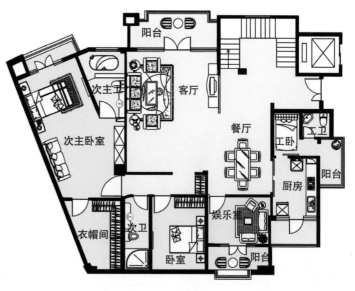

户型平面改后

服务空间篇

178

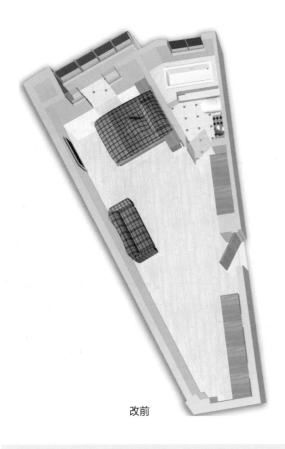

88

改前

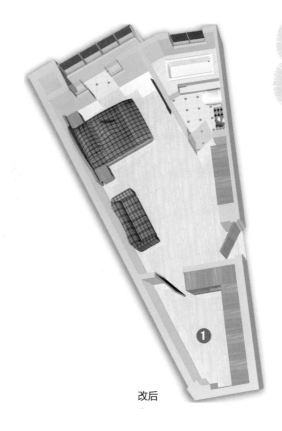

改后

① 隔出次主卧衣帽储藏间。

② 客厅右墙右移，与结构墙取齐，缩短墙面，扩大开间。

③ 娱乐室上墙下移，与左侧次卧上墙取齐，

门改开在左上角。

④ 厨房门变成双玻璃门。

⑤ 餐厅移至厨房旁。

⑥ 娱乐室门改成衣柜。

储藏间

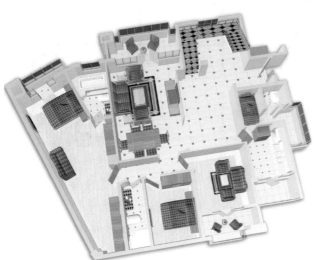

户型3D改前

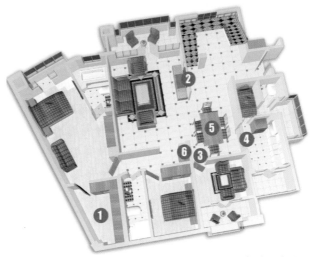

户型3D改后

广州山水庭苑
C户型上层

位于广州市白云区同和路南湖东侧国家级旅游区。六室二厅四卫一工人间，建筑面积394.1平方米，重叠式跃层。上层异形空间主要在露台，虽然面积较大，但因和另一户相邻，实际景观面非常有限，同时还要注意和邻居的隔墙，以保证私密性。主人空间各种配置齐全，欠缺的是，外间的洗手台设置在窗前，无法安装镜子。

储藏间布局：虽然衣帽储藏间独立，但隔墙挡住了窗户。如果还想奢侈一点的话，可以将卫生间和衣帽间打通，变成一个大卫生间，放上大浴缸、淋浴间、桑拿房、躺椅和电视、音响等等，形成一个生活享受的空间。而衣帽间则可以设置在外间，利用明窗通风。

改造重点：主卫和衣帽间的隔墙拆除，并且上墙下移；淋浴间和浴缸应该直接对着窗户；洗手台加大成双盆；衣帽间改在外间，并保留窗户设置梳妆台。

另外，改开书房门朝向过道，使其独立。

有条件的话，衣帽间要保持通风、采光，窗户尽量不被柜子挡住。需要注意的是，卫生间的窗户尽量对着淋浴间、浴缸和坐便，不要对着洗手台，否则无法安装镜子。

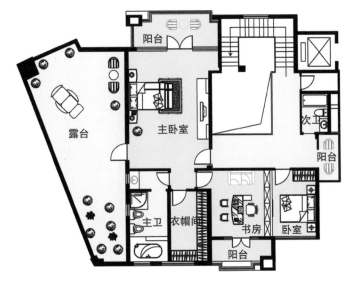

户型平面改前

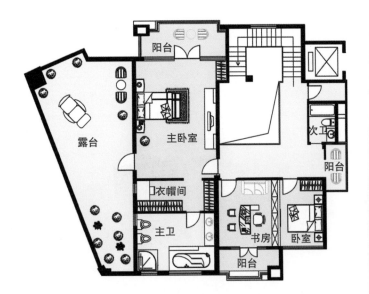

户型平面改后

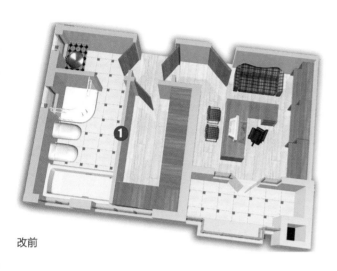

89

改前

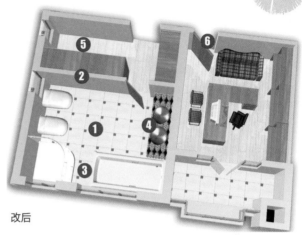

改后

① 主卫和衣帽间的隔墙拆除。

② 主卫里外间的墙下移。

③ 淋浴间和浴缸应该直接对着窗户。

④ 洗手台加大成双盆。

⑤ 衣帽间改造，并保留窗户设置梳妆台。

⑥ 改开书房门，使其独立。

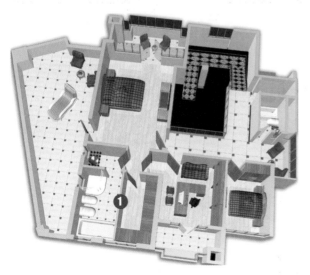

户型3D改前

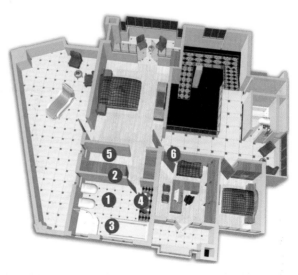

户型3D改后

储藏间

90 台湾台中七期重点规划区

C户型三层

位于台湾台中市七期重点规划区内。五室三厅五卫,使用面积628平方米,为地上三层加阁楼和地下层的独栋别墅。上下层结构完全相同,采用对称式布局,大弧形楼梯形成了挑空,使垂直动线充满气势。三层是家庭层,由男孩房和女孩房组成,采用完全对称设计。

储藏间布局:目前这种中部卧区,两边衣帽间和书房的设计方法,存在致命的弱点,就是动静干扰过大,交通动线混乱。

改造重点:将衣帽间拆除,沿结构柱隔出男孩卧室和女孩卧室;拆掉原来的床和隔板,扩大读书区;将弧形过厅改成步入式衣帽间。

男孩房和女孩房也要大气,避免分割过碎。

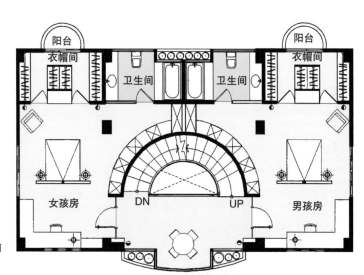

户型平面改前

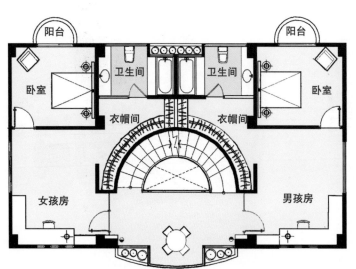

户型平面改后

服务空间篇

182

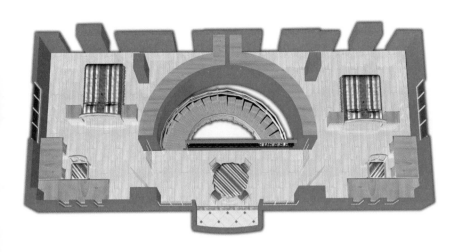

改前

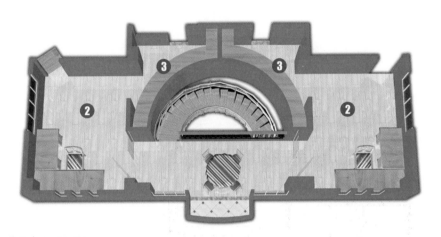

改后

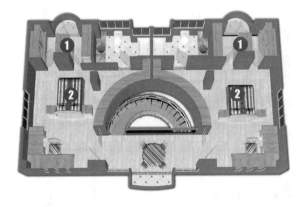

户型3D改前

❶ 衣帽间拆除，沿结构柱隔出男孩房和女孩房。

❷ 拆掉床和隔板，扩大读书区。

❸ 弧形过厅改成步入式衣帽间。

储
藏
间

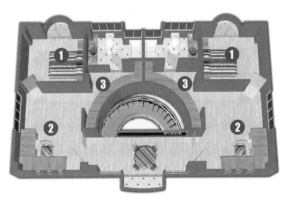

户型3D改后

台湾台中僻静社区

F户型二层

位于台湾台中市僻静社区。五室二厅三卫一阁楼，使用面积247.5平方米，独栋别墅。因分割成四个楼层和众多的房间，以至于每个空间都有些局促。二层问题是：主卧进深短于开间，并且形成了"刀把"形。

储藏间布局： 主卧占用了一个半开间，用于动静分区，开间和进深的比例有些失衡。储藏间或衣帽间独立，但有些浪费。

改造重点： 储藏间或衣帽间改成书房；主卫外间打开，设置衣柜；主卫下墙下移，纳入洗手台；下面设置衣帽间。

开间大于进深的比例不适合于卧室，家具摆放起来并不舒服。改造后的进深大于开间的设计，也使得卧室消除了"刀把"形，视线也开阔了不少。

户型平面改前

户型平面改后

服务空间篇

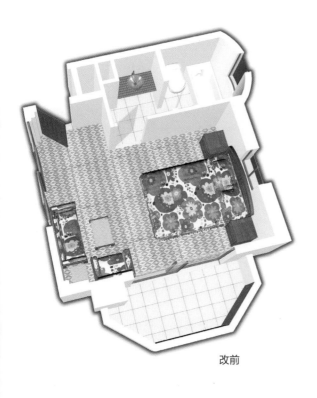

改前

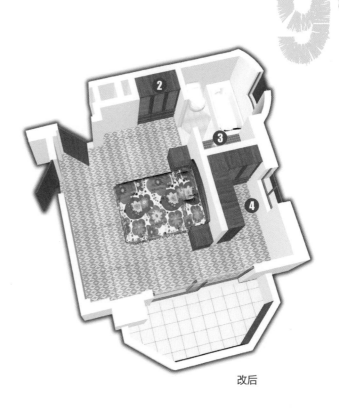

改后

1 原衣帽间改成书房。

2 将主卫外间打开，设置衣柜。

3 主卫下墙下移，纳入洗手台。

4 下面设置衣帽间。

户型3D改前

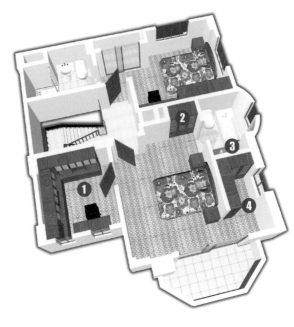

户型3D改后

储藏间

商住服务篇

服务间

茶水间

服务间

服务间是商务类户型中的灵动空间，一般墙体为可拆卸的轻墙，根据商务需要独立设置或者合并到其他空间。

❋ 设施调整要活

服务间改造成卫生间时，要考虑上下水的位置，尤其是难以移动的坐便下水。同时，风道和管道的位置也很关键，因为涉及上下层，几乎无法调整。

区分男女卫生间时，有时因空间面积有限，调整管线不易，可以一个卫生间，采取格子间方式区分男女。

❋ 室内分区要弱

服务间在户型中多是以储藏间样式出现，或者直接变成复印间，或者扩大改成财务室等。

商务类户型为了重新分隔的便利，很多时候采用框架结构，优势是内部隔墙拆卸容易，但使用率会降低一些。

选择和改造时，尽可能少隔墙甚至完全没有，这样可以用玻璃类轻质材料进行分隔，显现现代的商务氛围。

92 海口天利龙腾湾
C1户型

位于海南省海口市滨海大道266号海南国际会展中心西侧。一室一厅一卫，建筑面积88.92平方米，为通廊式住宅标准户型，两面采光，入户门一侧为公共明廊。户型随楼座为45度朝向东北和西北，拥有一定的北向海景资源。

服务间布局：超大的入户花园，因在明廊里侧，缺乏对外直接交流，可以根据需要封闭成卧室或办公室。

改造重点：封闭入户花园，改成卧室；大门调整为左侧开启。

另外：卫生间隔出内外间，干湿分离，洗衣机设在里间，将卧室门开在左侧，延长电视墙；厨房增加隔墙，既保证餐厅稳定，又有了电冰箱的位置。

调整后，增加了卧室或办公室，卫生间的干湿分离也使得多人使用更为方便。

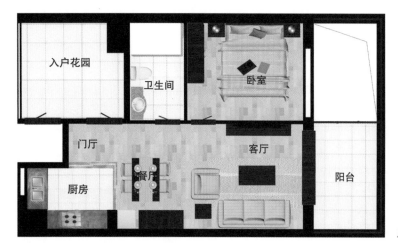

户型平面改前

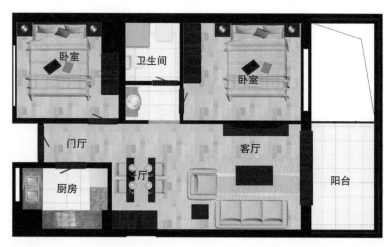

户型平面改后

商住服务篇

改前

改后

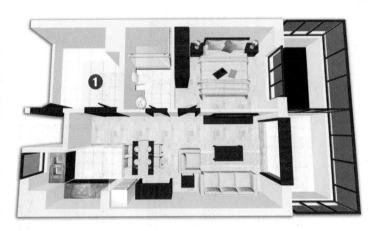

户型3D改前

1 封闭入户花园，改成卧室或办公室。

2 大门调整为左侧开启。

3 卫生间隔出内外间，干湿分离。洗衣机设在里间。

4 卧室改开在左侧，延长电视墙。

5 厨房增加隔墙，既保证餐厅稳定，又有了电冰箱的位置。

户型3D改后

93 青岛银座领海国际公寓
B3户型

位于山东省青岛市崂山区东海东路88号,北临海口路及高楼林立的海尔路CBD核心区。

二室二厅二卫,建筑面积167.42平方米,为板塔楼的塔楼部分,全南朝向。由于楼座设计为弧形,户型整体呈扇形,各空间虽不够规矩,但格局合理。问题是,次卧门凹进,使得客厅电视墙不够平整。

服务间布局:主卫浴缸和坐便倒置;厨房操作台背光,比较暗;次卫直对餐厅。

改造重点:左移次卧门;调整主卫洁具;反转厨房;次卫干湿分离。

首先,左移次卧门,取直电视墙。

其次,对调主卫浴缸和坐便。

再次,橱柜和灶台调整至窗前,增加自然采光,并且门上移,与次卫门成对。

最后,次卫生间隔出内外间,干湿分离,坐便器调到上端。

调整后,次卧和客厅规矩,卫生间布局更合理。

户型平面改后

户型平面改前

商住服务篇

改前

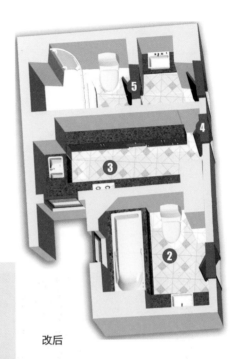

改后

1 左移次卧门，取直电视墙。

2 对调主卫浴缸和坐便。

3 橱柜和灶台调整至窗前，增加自然采光。

4 厨房门上移，与次卫门成对。

5 次卫生间隔出内外间，干湿分离，坐便调到上端。

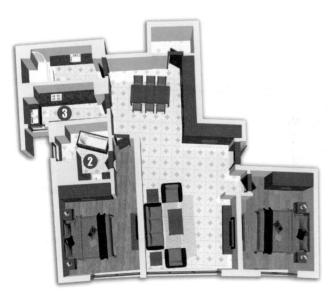

户型3D改前

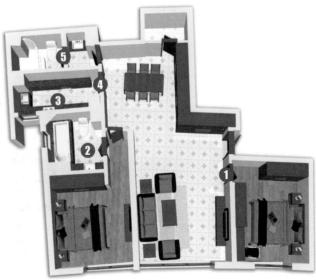

户型3D改后

服务间

94 荣成博隆金湾城市广场
01户型

位于山东省荣成市成山大道东段139号。一室一厅一卫，建筑面积66.17平方米，位于塔楼的东北和西北，两面采光。户型横向展开，中间不采光的厨区利用交通通道布局，符合酒店式公寓的习惯，但餐厅堵在门厅处，多少有些别扭。

服务间布局：左端设计有休闲纳凉的入户花园：用做公寓时，可以改成卧室；用做写字间时，可以改成洽谈间或办公室。

改造重点：拆掉起居室和入户花园间的一段隔墙；封闭入户花园改成卧室或办公室。

另外：卧室墙外的拐角设计成门厅衣柜；餐桌下移保持稳定。

调整后，增加了需要的居室，同时餐厅和客厅利用交通通道自然分开。

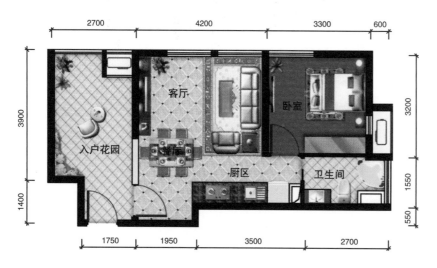

户型平面改前

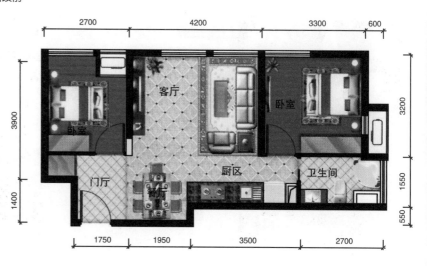

户型平面改后

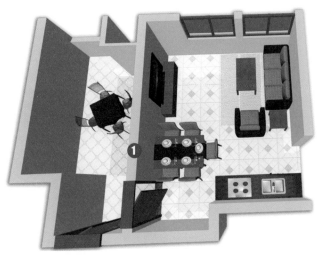

改前

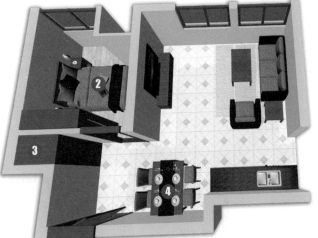

改后

1 拆掉起居室和入户花园间的一段隔墙和门。

2 封闭入户花园改成次卧或办公室。

3 次卧墙外的拐角设计成门厅衣柜。

4 餐桌下移保持稳定。

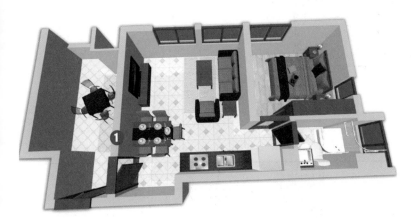

户型3D改前

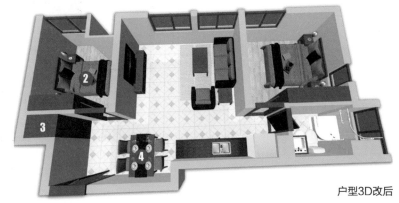

户型3D改后

服务间

95 海口昌茂·城邦
C2户型

位于海南省海口市龙昆南路轻轨东站对面。四室二厅二卫，建筑面积173平方米，使用率82.34%。户型横向布局，各居室格局方正，动静分离明确。

服务间布局： 主卧与书房套用过于简单，衣帽间进入主卫通道有些局促。入户花园封闭后改做休闲室或洽谈间。

改造重点： 衣帽间横向分两排设置；主卫调整洁具。

另外：增加书房和主卧门；反转大次卧门和家具；主人空间大门左移至过道，保持开启稳定。

调整后，衣帽间通道宽裕并且动线顺畅，增加的门也使得主卧和书房能局部独立，用做写字间时也方便使用。

户型平面改前

户型平面改后

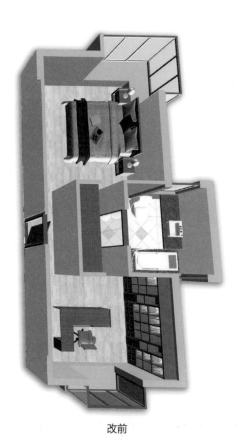

改前

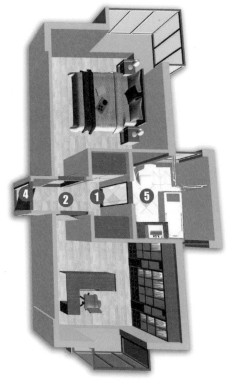

改后

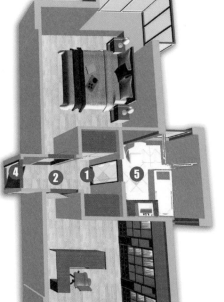

❶ 衣帽间横向分两排设置。

❷ 增加书房和主卧门。

❸ 反转大次卧门和家具。

❹ 主人空间大门左移至走廊，保持开启稳定。

❺ 主卫调整洁具。

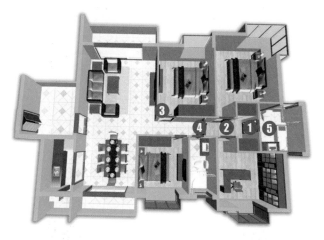

户型3D改后

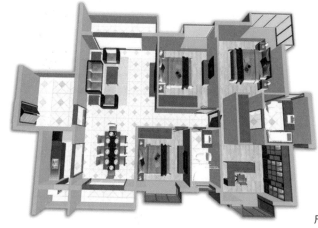

户型3D改前

服务间

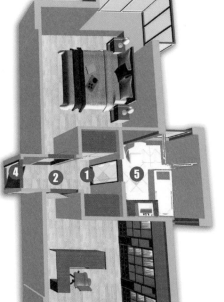

95"

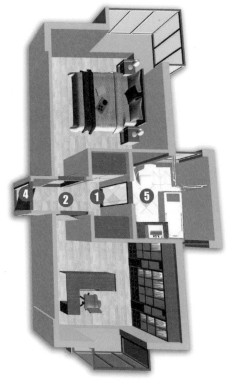

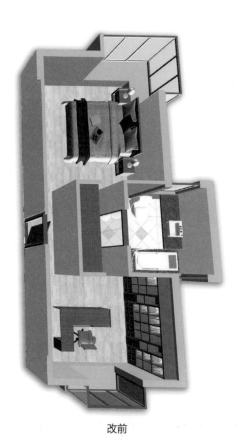

195

96 上海亲和源
中套间户型

位于上海市南汇区康桥镇秀沿路，为养老社区。一室二厅一卫，建筑面积75.59平方米，为通廊式单向采光户型。上半部为起居室和厨房，下半部为卧室和阳台。

服务间布局：厨房占据了一角，使客厅成为"刀把"形；卫生间占据了一角，使卧室成也为"刀把"形。

改造重点：厨房偏转90度设置，客厅和餐厅纵向排列；卫生间上移与厨房相连，卧室相对规整，并加大面积。

调整后，厨卫相连，便于管线布局，客厅和卧室格局相对规矩，无障碍通行也顺畅了许多。

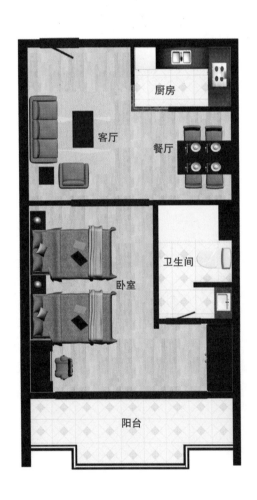

户型平面改前

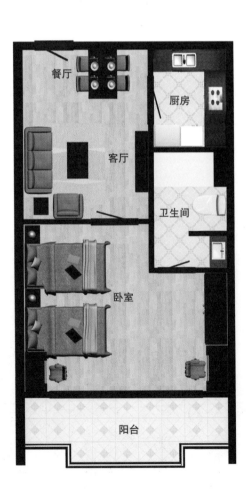

户型平面改后

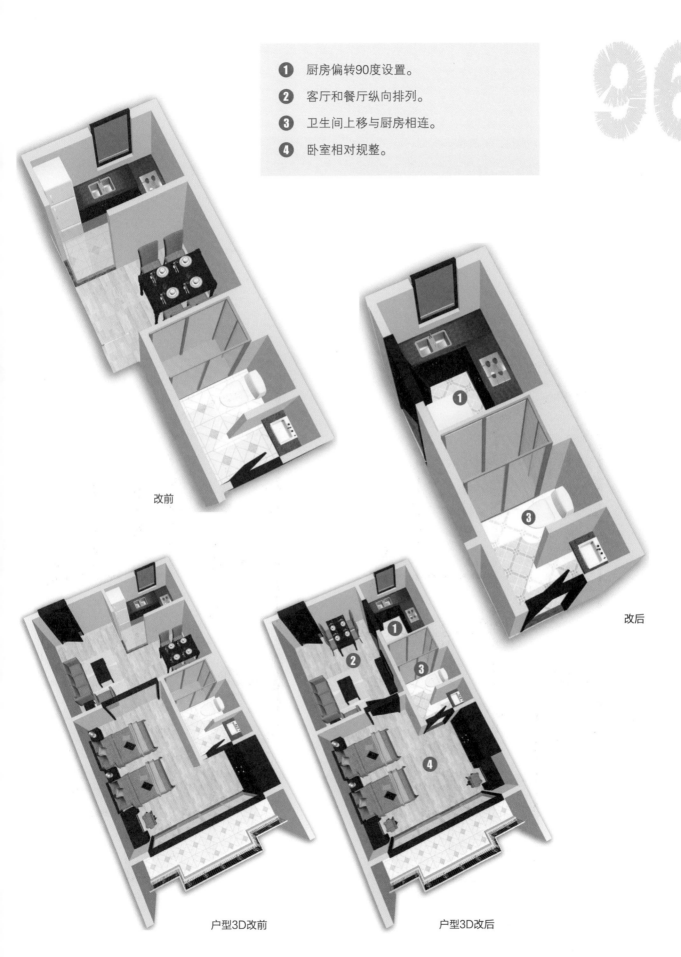

1 厨房偏转90度设置。

2 客厅和餐厅纵向排列。

3 卫生间上移与厨房相连。

4 卧室相对规整。

改前

改后

户型3D改前

户型3D改后

96

服务间

97

日照蓝天海景国际公寓
A户型

位于山东省日照市海滨二路。三室二厅一卫，建筑面积138.46平方米。户型为塔楼的东单元，三面采光，南北纵向布局，因东临大海，几乎所有居室都可观海。

服务间布局：门厅过大；厨房占据较宽海景采光面，有些可惜，应让位于客厅；主卧衣帽间采光，不如改成主卫。

改造重点：设计时厨房下调至主卧和原大次卧之间，与次卫同开间；改主卧衣帽间为主卫。

另外：原客厅改成大次卧；原大次卧改成客厅。

调整设计后，客厅不仅与门厅一气呵成，增加了面积，同时与新增的主卫都成了观海居室。

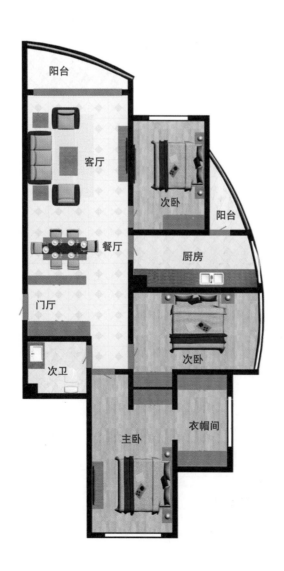

户型平面改前

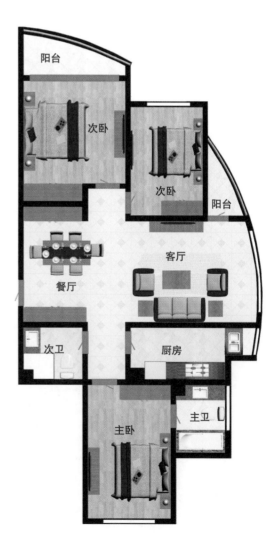

户型平面改后

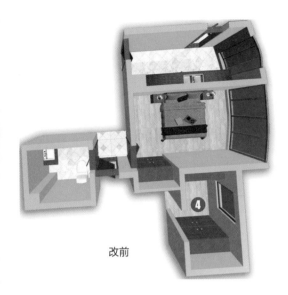

改前

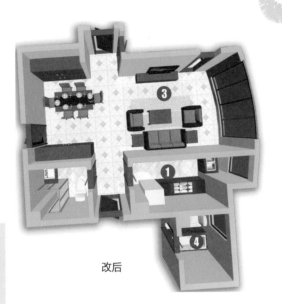

改后

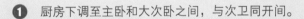

❶ 厨房下调至主卧和大次卧之间，与次卫同开间。

❷ 客厅改成大次卧。

❸ 大次卧改成客厅。

❹ 主卧衣帽间改成主卫。

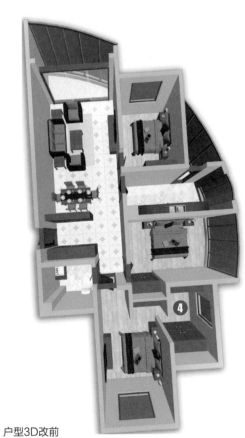

户型3D改前

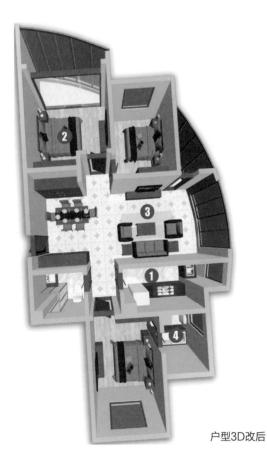

户型3D改后

茶水间

茶水间很多时候是利用商务住宅的厨房空间进行改造，但对于配备公共茶水间或者用简单饮水机代替的用户来说，将有限的面积用在办公区域显得更为重要。

● 合理利用空间

对于厨房改成的茶水间，因隔墙和门明确，有时拆改意义不大，同时茶水所需空间又极为有限，可以在内部进行再划分，如分出休息区、等候区和会客区等。

● 兼顾多种功能

茶水间用做工作餐的功能时，尽量分隔明确，避免气味和视觉影响办公区域的形象。

茶水间仅用做烧水功能时，可以考虑将复印、储藏等功能融入，以提高空间的利用率。

漳州宝升国际
F户型

位于福建省漳州市龙池开发区灿坤工业园角嵩路边。合体一居，建筑面积39.41平方米，使用率80%。该户型占有一个采光面，格局方正，通过楼体处开槽，解决了厨房、卫生间的通风和采光。该户型功能比较完善，适应南方的习惯，增加了一个较大的阳台，并且卧区和客区与厨房的比例适宜，便于放置家具和橱柜。同时，小门厅恰到好处地起到了承转起合的作用，既使入门得到了缓冲，又成为几个空间的过渡区域。

茶水间布局： 卫生间偏小，缺少淋浴空间，使用不太方便，可以考虑借用厨房门口空间。

改造重点： 卫生间右墙左移20厘米，缩小卫生间，扩大门厅，同时在原洗手台处设置淋浴间，并将门改在坐便器对面；原厨房门拆掉并扩大开口，右侧靠墙放置柱形洗手盆，以节约空间；厨房门设置在右侧，保证其封闭性。

另外，大门上侧增加一小段墙体，打造一个小多宝格，并保持与左侧卫生间上墙取齐。

因厨房或茶水间使用面积有限，对于过小的卫生间，采取将洗手盆放置在厨房外侧，干湿分离。

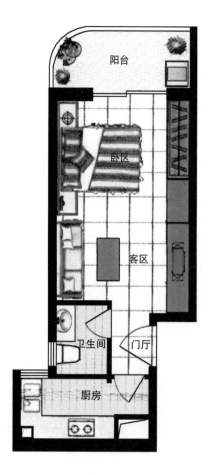

户型平面改前

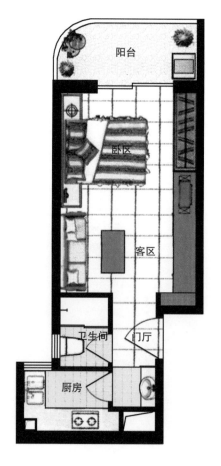

户型平面改后

98

改前

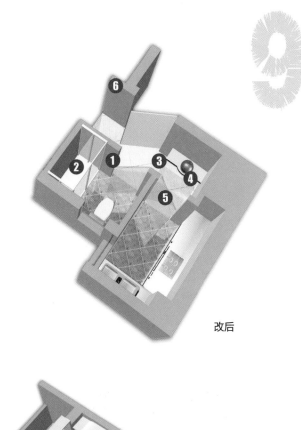

改后

1. 卫生间右墙左移20厘米，缩小卫生间，扩大门厅。

2. 原洗手台处设置淋浴间，并将门改在下侧。

3. 厨房门拆掉并扩大开口。

4. 右侧靠墙放置洗手盆，形成干湿分离。

5. 厨房门设置在里面，保证其封闭性。

6. 大门上侧增加一小段墙体，打造一个小多宝格，并保持与左侧卫生间上墙取齐。

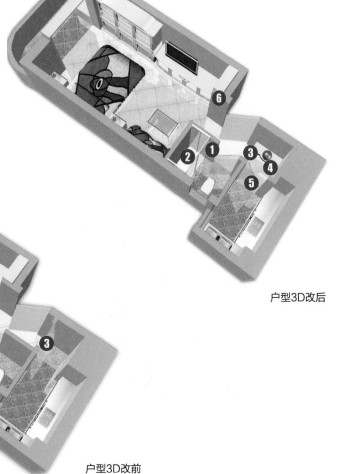

户型3D改后

户型3D改前

茶水间

99

万宁芭蕾雨

HI-A2户型

位于海南省万宁市东线高速神州半岛出口西500米。一室一厅一卫，建筑面积50.30平方米，位于通廊式住宅端部，三面采光，非常通透。户型纵向展开，下端设计有SPA的大阳台，中间为卧室和卫生间，上端为起居室和开放厨房。这样分段隔离设计，更适合度假居住的需要，人多时，客厅支床就可以居住。

茶水间布局：厨房虽为明厨，但与客厅交叉干扰，调整到过道，就只能采用电磁炉，有点小缺憾。

改造重点：卫生间上墙上移，设置大洗手台，纳入洗衣机；下移卫生间门并反向开启，保证起居室到厨区门开启后不挡卫生间门；厨区调整至过道并增加门。

另外：起居室独立，分出客厅和餐厅，同时配备折叠沙发床可成为另一间卧室或办公室；冰箱间设置隔墙，保证新设置的大门开启有依靠。

调整后的服务空间，扩大了卫生间，充分利用了过道布置橱具，同时使起居室独立。

户型平面改前

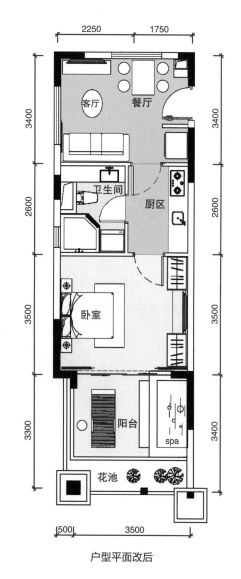

户型平面改后

商住服务篇

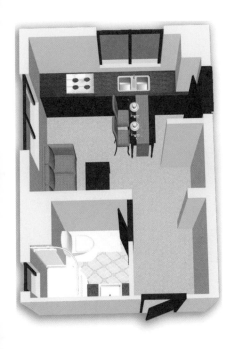

改前

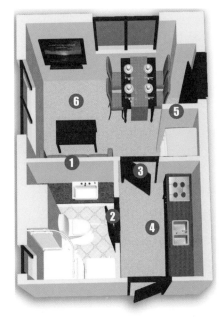

改后

① 卫生间上墙上移，设置大洗手台，纳入洗衣机。

② 下移卫生间门并反向开启。

③ 新设置的起居室门开启后不挡卫生间门。

④ 厨区移至过道。

⑤ 冰箱间设置隔墙，保证大门开启有依靠。

⑥ 起居室独立，分出客厅和餐厅，同时配备折叠沙发床可成为另一间卧室。

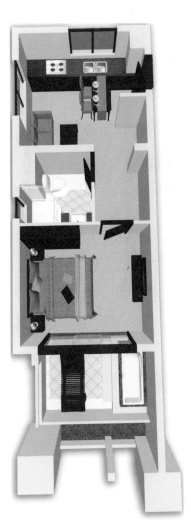

户型3D改前

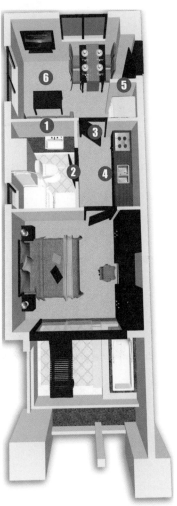

户型3D改后

100

丽江露美雅阁
A户型

位于云南省丽江市中济海公园旁，距束河古镇仅600米。一室二厅一卫，建筑面积77平方米，位于通廊式拐角外廊住宅的端部，两面采光，非常通透。户型上端为公共交通外廊，但由于是处在端部，原本公共交通外廊实际独享。起居部分横向展开，但餐厅不够稳定。另外，卧室进深较短，无法放置衣柜。

茶水间布局：单排橱柜用于简单烹饪或茶水，基本够用。

改造重点：卧室上墙上移，纳入衣柜；厨房增加冰箱，餐桌下移。

另外：起居推拉门左移，保持餐厅稳定，水平反转沙发和电视。

调整后，不仅扩大了卧室，使起居室的客厅和餐厅更为规矩。

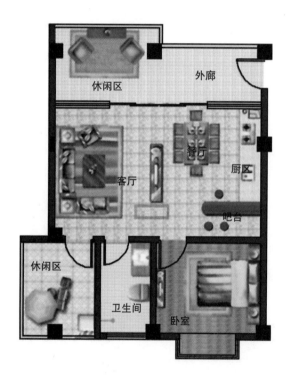

户型平面改前

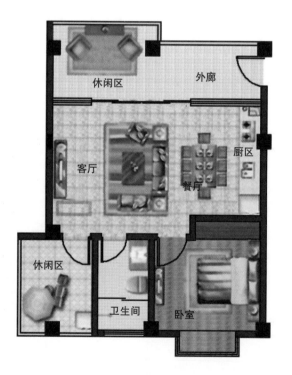

户型平面改后

改后

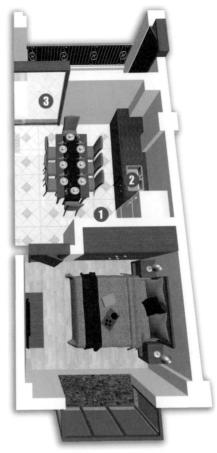

改前

❶ 卧室上墙上移，纳入衣柜。	❸ 起居推拉门左移，保持餐厅稳定。
❷ 厨房增加电冰箱，餐桌下移。	❹ 水平反转沙发、电视。

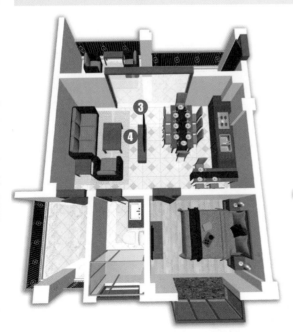

户型3D改前

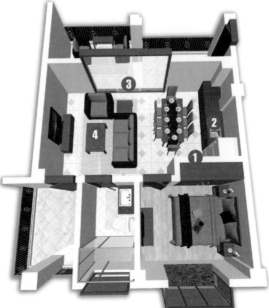

户型3D改后

茶水间

服务调节居住品质

最终，这套《客厅、餐厅、门厅改造 100 例》《厨房、卫生间改造 100 例》《主卧、次卧、书房改造 100 例》《阳台、楼梯、工人间改造 100 例》画上了句号。

户型设计是以不变应万变，以标准的样式适应大多数用户的需要，再加上设计水平的差异、使用者个人的偏好，因此或多或少地存在着不足，存在着不适应性。服务空间作为户型中的次要空间，虽然看起来不那么重要，但往往是改造的取舍点，不应遗漏，因为其优劣很多时候增加或降低着居住的品质。

所以，本书通过人们容易淡漠的服务空间的改造，将其对居住品质的影响归结为：

调节性能优劣

服务空间虽然简单，但调节着户型的各种性能。

如起居室配置阳台，将阳台封闭，并拆掉阳台门，可以扩大客厅面积。

如卧室配置阳台，可以增加晾晒和休闲功能。

如户内楼梯开放，在挑空中可以增加上下层的视线交流，在隔层中可以使空间层次变得丰富。

如工人间以及工卫的配置，可以使户型的档次得以提高。

如储藏间的配置，使家中的杂物有了藏身之地，但也需要与主要居室一样的价钱来购买。

而偏长的过道虽然占用面积，但有时却是保证动静分离效果的必要空间。

我去年在青岛设计了一个别墅和公寓混合项目的全部户型和建筑楼面，西迪国际 CDG 国际设计机构按照草原风格设计了别墅外立面，但为了满足开发商大量赠送阳台、露台的需求，前后过多地设计了阳台，并将最具特色的坡屋顶也改成平顶大露台，使风格变得不伦不类。

因此，服务空间处理得好锦上添花，处理不好画蛇添足。

平衡各种功能

服务空间的功能是联系各个居室，配套各个居室，或者独立于各个居室，很多时候起着平衡空间关系、平衡居室品质、平衡户型功能的作用。

平衡空间关系。卧室配置阳台，虽然多了个功能空间，但也会因为增加户外面积而减少了户内面积。因此，服务空间的介入与否，除了服从于建筑外立面的设计，户型功能的组合外，还应适时考虑功能的平衡，已保证拉开主要空间和次要空间的档次。

平衡居室品质。卧室配置阳台，虽然会提高观赏和使用的户外舒适度，但也会因为遮挡视线和日照而降低户内舒适度；厨房配置阳台，虽然方便储藏杂物，但也会因阳台门的开启而缩短橱柜操作台面。因此，户型品质的高低不能单纯看服务空间增加的多少，还应看增加后带来的综合利弊关系。

平衡户型功能。在小户型中，服务空间的功能尽可能兼顾多样；在大户型中，服务空间的功能要相对独立一些。

像前面西迪国际 CDG 国际设计机构参与设计的草原风格别墅外立面，过多的阳台和露台，使户与户之间外部贯通，必须封窗户才能保证安全。其结果不仅使室内观景和采光受到影响，而且外立面也因为过多的封窗户破坏了建筑美感，更重要的是阳台封闭后使用功能极为有限。

总之，服务空间增减与否对户型中的主要空间起着拾遗补缺的作用，要慎之又慎。

作者　2016 年 9 月于北京西山

全案策划：**horserealty** 北京豪尔斯房地产咨询服务有限公司

技术支持：**horseexpo** 北京豪尔斯国际展览有限公司

图稿制作：**horsephoto** 北京黑马艺术摄影公司

文字统筹：李小宁房地产经济研究发展中心

作者主页：lixiaoning.focus.cn　　　　　　　　搜狐网—房产—业内论坛—地产精英（www.sohu.com）

作者博客：http:// LL2828.blog.sohu.com　　　　搜狐焦点博客（www.sohu.com）

http://blog.soufun.com/blog_5771374.htm　　搜房网—地产博客（www.soufun.com）

http://blog.sina.com.cn/lixiaoningblog　　　　新浪网—博客—房产（www.focus.cn）

http://www.funlon.com/ 李小宁　　　　　　　房龙网—博客（www.funlon.com）

http://hexun.com/lixiaoningblog　　　　　　　和讯网—博客（www.hexun.com）

http://lixiaoning.blog.ce.cn　　　　　　　　　中国经济网—经济博客（www.ce.cn）

http://lixiaoning.114news.com　　　　　　　　建设新闻网—业内人士（www.114news.cn）

http://blog.ifeng.com/1384806.html　　　　　凤凰网—凤凰博报（www.ifeng.com）

http://lixiaoning.china-designer.com　　　　设计师家园网—设计师（www.china-designer.com）

http://lixiaoning.buildcc.com　　　　　　　　建筑时空网—专家顾问（www.buildcc.com）

http://www.aaart.com.cn　　　　　　　　　　中国建筑艺术网—建筑博客中心（www.aaart.com.cn）

http://2de.cn/blog　　　　　　　　　　　　　中国装饰设计网—设计师博客（www.2de.cn/blog）

http://blogs.bnet.com.cn/?1578　　　　　　　商业英才网—博客（www.bnet.com.cn）

http://lixn2828.blog.163.com /blog　　　　　网易—房产—博客（www.163.com）

编写人员：王飞燕、刘兰凤、李木楠、李宏垠、刘志诚、李海力、罗健、刘晶、陈婧、刘冬宝、刘亮、刘润华、
　　　　　谢立军、刘晓雷、刘思辰、刘冬梅、隋金双、赵静、王丽君、刘兰英、郭振亚、王共民、张茂蓉、杨美莉、
　　　　　李刚、伊西伟、潘如磊、刘丽、吴燕、陈荟夙

作者联络：LL2828@163.com　horseexpo@163.com

官方网站：www.horseexpo.net